물리학 시트콤

Der Physikverführer
: **Versuchsanordnungen für alle Lebenslagen**
by Christoph Drösser

Copyright © 2010 by Rowohlt Verlag GmbH, Reinbek bei Hamburg
Korean Translation Copyright © 2012 by Bookhouse Publishers Co.
All rights reserved.

The Korean language edition is published by arrangement with
Rowohlt Verlag GmbH through MOMO Agency, Seoul.

이 책의 한국어판 저작권은 모모 에이전시를 통해
Rowohlt Verlag GmbH 사와 독점 계약한 (주)북하우스 퍼블리셔스에 있습니다.
저작권법에 의해 한국 내에서 보호를 받는 저작물이므로 무단 전재와 무단 복제를 금합니다.

물리학 시트콤

상식을 뒤집는 14가지 물리학

크리스토프 드뢰서 지음 | 전대호 옮김 | 이우일 그림

해나무

일러두기

1. 본문에 나오는 '클로즈업 물리학 Q'의 문제풀이는 '부록1'(285~289쪽)에 실려 있습니다.
2. 일상에서 자주 사용되는 핵심 물리학 공식에 대한 자세한 설명은 '부록2'(290~296쪽)에 실려 있습니다.
3. 책과 잡지명은 《 》로 묶었고, 신문·영화명·프로그램명·노래명은 〈 〉로 묶었습니다.
4. 숫자와 단위를 한눈에 파악할 수 있도록 질량, 길이, 속도, 넓이, 부피, 압력, 온도 등을 가능한 한 기호로 표기했습니다.

추천의 말

상상력을 자극하는 스토리텔링 물리학

이기진 서강대학교 물리학과 교수

나는 최고의 물리학자는 최고의 이야기꾼이라고 생각한다. 그 최고의 이야기꾼 중 한 명이 아인슈타인이다. 그가 들려주는 광범위하고 스릴이 넘치는 물리학 이야기는 수많은 사람에게 창의적인 영감을 불어넣어 주었다. 물리학은 여러 복잡한 수식으로 표현되지만, 그 속에 담긴 내용은 사실 우리가 살아가는 세상 이야기이다. 수학은 단지 물리학 이야기를 담은 언어에 불과한지도 모른다. 그 언어를 모른다고 해서 물리학이 존재하지 않거나 사라지지 않는다. 물리학은 이야기를 통해 충분히 전달될 수 있고, 그 이야기가 수학으로 기술된 물리학에 고개를 돌렸던 사람들의 관심을 끌 수 있다!

　이 책의 저자 크리스토프 드뢰서가 그런 사람이다. 그는 최고의 '말재주꾼'이다. 어디서 그런 물리학적 소재를 찾아내는지 모르지만 그가 이야기하면 귀가 쫑긋해진다. 그는 물리학을 재미있게 만들 수 있는 재주가 아주 특출한 사람이다. 우리가 배워야 할 물리학은 어쩌면 교과서 속 사지선다형 문제에서 정답을 골라야 하는 물리가 아니라, 크리스토프 드뢰서가 이 책에서 이야기하는 것처럼 재미있는 이야기일지도 모른다. 그의 '말재주'에는 옳고 그른 얄팍한 문제가 지닌 함정이 있는 것이 아니라, 동네 형님이 들려주는 것 같은 친밀하고 애정 어린 진솔함이 담겨 있기 때문이다. 입시로 완결지어진 학생들의 감성을 그의 이야기로 다시 풀어낼 수 있다면 그보다 더 좋은 일은 없을 것 같다.

크리스토프 드뢰서의 전작 《수학 시트콤》도 무척 재미있다. 나는 그 책을 잡고 밤을 새웠다. 너무 재미있었다. 수식이 나오는 책을 가지고 밤을 새운 적은 대학시절 빼고 없었다. 좌우지간 새로운 이야기를 마치 새롭지 않게 들려주는 재주는 대단하다.

나는 이 책을 읽는 독자들이 중간 중간에 등장하는 수식을 보고 좋아할지 두려워할지 잘 모르겠다. 하지만 수식을 두려워할 이유는 없다. 어려우면 덤으로 생각하고 그냥 넘겨도 된다. 중요한 것은 크리스토프 드뢰서가 들려주는 물리학 이야기들이다. 이 책의 다양한 물리학 이야기들은 재미있고 어디서도 들어본 적 없는 신선함으로 가득하다. 이 새롭고 흥미진진한 '스토리텔링 물리학'을 경험한다면 분명 사고의 폭이 넓어지고, 세상을 물리학 틀에서 바라보는 통찰력이 생길 것이다. 이야기 같은 이 책의 최고의 매력이다.

머리말

"물리학은 섹스와 비슷하다. 때때로 물리학에서 유용한 것이 나오지만, 우리가 유용성 때문에 물리학을 하는 것은 아니다."
— 리처드 파인먼Richard Feynman

《수학 시트콤》으로 큰 성공을 거둔 후에 다음 책에서는 어떤 분야를 다룰 것이냐는 질문을 받았을 때, 나는 오래 생각할 필요가 없었다. 다음은 당연히 물리학이었다. 나는 대학에서 수학을 전공했고, 수학은 여전히 나에게 과학의 여왕이지만(나는 위에 인용한 파인먼의 말을 수학에 적용하고 싶다) 물리학도 수학 못지않게 매력적이다. 수학이 진화를 통해 형성된 포유동물의 뇌 이외에는 거의 아무것에도 의존하지 않고 복잡하기 그지없는 생각의 세계를 창조한다면, 물리학은 한 걸음 더 나아가 이렇게 말한다. 우리는 수학 공식과 모형으로 세계를 기술할 수 있다. 심지어 어쩌면 완벽하게 기술할 수 있을 것이다. 다른 자연과학들은 사실상 물리학의 후속편에 지나지 않는다. 화학은 물리학에 의해 기술된 분자들 사이의 반응을 다루고, 생물학은 화학 반응을 통해 기술되는 생명을 다루는데, 화학 반응에 대한 논의는 다시 물리학으로 환원된다. 물론 내가 철저한 환원주의를 옹호하는 것은 결코 아니다. 복잡성이 어느 수준을 넘어서면, 물리학은 무용해진다. 라플라스의 악마는 허구에 불과하다(268쪽 참조). 그러나 이 세계에서 일어나는 모든 현상의 바탕에 물리학이 있다는 것은 엄연한 사실이다. 심지어 우주 전체의 발생도 물리학에 기초한 사건이다.

그러나 빅뱅이나 끈 이론에 관한 물리학 모형들은 이 책에 등장하지 않을 테니 걱정할 필요 없다. 전작인 《수학 시트콤》과 마찬가지로 《물리학 시트콤》도 일반인이 쉽게 이해할 만한 기본적인 과학을 주로 다룬다. 상대성 이론을 다루는 제8화와 양자 이론을 다루는 제10화는 예외지만, 나머지 거의 모든 곳에서 우리는 크고 작은 물체들의 충돌로 환원할 수 있는 현상만 다룬다. 거시 규모에서든(예컨대 자동차들의 충돌) 미시 규모에서든 이 세계를 기술하는 데는 힘, 가속도, 에너지 등의 개념만 있으면 충분하다. 온도는 작은 입자들의 평균 운동 에너지인데, 우리는 그 입자들을 마치 작은 고무공들처럼 상상한다. 압력은 그 고무공들이 그릇의 벽에 부딪히면서 가하는 힘이다. 이 책은 이런 소박한 물리학 모형이 얼마나 광범위하게 타당한지 보여줄 것이다. 이 모형은 비록 소박하지만 왜 비행기가 공중에 뜨는지, 왜 영구 기관을 제작하는 것이 불가능한지 설명해준다. 더 나아가 이 모형을 확장하면 전자기 현상에도 적용할 수 있는데, 이 책에서는 전자기를 부수적으로만 언급할 것이다.

그러나 분자는 고무공이 아니며 원자들로 이루어졌다. 또 원자는 더 작은 기본 입자들로 이루어졌다. 혹시 원자핵은 중성자들과 양성자들로 이루어진 산딸기 모양의 작은 덩어리이고 전자들은 마치 전구 주위의 날벌레들처럼 원자핵 주위를 돈다고 믿는 분들이 여전히 있다면, 그런 분들은 새겨들으시라. 이 원자 모형 역시 우리의 상상력을 자극하기 위해 만든 보조수단일 뿐이다. '진짜' 물리학에서는 그 모형 속의 모든 알갱이가 허공에서 일렁거리는 파동함수로 바뀌고 단지 확률만 기술된다. 이 수준에서는 물리학자들조차도 사태를 구체적으로 떠올릴 수 없다. 양자 이론이 옳다는 것은 실험을 통해 충분히 확인되었지만, 물리학자들은 그 이론을 어떻게 해석해야 할지를 놓고 거의 종교적인 분쟁을 벌이고 있다(제10화 참조).

전작에서와 마찬가지로《물리학 시트콤》에서도 공식들이 등장한다. 나는 훌륭한 수학 공식과 물리학 공식이 사태의 핵심을 현란한 문장보다 더 잘 전달한다고 여전히 믿는다. 그러나 독자들이 공식을 재미나는 글처럼 읽을 수는 없다는 것, 공식을 이해하려면 시간이 필요하고 때로는 종이와 연필까지 필요하다는 것을 나도 안다. 그래서 계산이 나오는 대목의 바탕에 색을 넣어 쉽게 알아볼 수 있게 만들었다. 그런 대목을 대충 읽거나 일단 제쳐놓아도 책의 내용을 이해하는 데 지장이 없을 것이다. 그러나 아예 무시할 수는 없다. 무시할 수 있는 대목이라면 애당초 쓰지 않았을 것이다.

《물리학 시트콤》은 물리학을 가르치기 위한 책이 아니며 물리학 전체를 빠짐없이 다룰 생각도 없다. 다만 재미나는 이야기들을 통해 몇 가지 물리학 개념을 전달하거나 상기시키려 한다. 이 책이 어떤 분야를 다루지 않는다면, 그 이유는 내가 그 분야에 관한 흥미로운 이야기를 생각해내지 못해서이거나 책의 내용이 이미 꽉 차서일 가능성이 높다. 사실 내가 무슨 교과서를 쓸 필요는 없지 않은가. 독자들이 재미와 호기심을 느껴서 스스로 물리학 공부에 나선다면 나로서는 더 바랄 것이 없다.

이 자리를 빌려서 나의 대리인 하이케 빌헬르미와 로볼트 출판사의 편집인 프랑크 슈트릭슈트로크에게 감사의 말을 전하고 싶다. 원고를 검토하고 물리학과 관련해서 몇 가지 중요한 정보를 준 베른트 슈와 막스 라우너, 일찍이 《수학 시트콤》을 쓰라고 제안한 부크레트 출판사의 뤼디거 담만에게도 고마움을 전한다. 《수학 시트콤》이 없었으면, 《물리학 시트콤》도 없었을 것이다. 이 책의 내용 이해를 돕는 도안들을 다듬어준 나의 아들 루카스 엥겔하르트에게도 감사한다.

차례

추천의 말 5
머리말 7

1부 거의 모든 것의 물리

제1화	**성급한 축배**	빌어먹을 '유레카!' • 17
제2화	**마지막 활강**	왜 뚱뚱한 사람이 더 빨리 미끄러져 내려갈까? • 33
제3화	**말 두 마리의 힘**	청바지 찢기 실험 • 56
제4화	**소시지의 물리학**	비엔나소시지의 옆구리는 왜 항상 세로로 터질까? • 70
제5화	**20미터 우먼**	크기의 중요성 • 85
제6화	**그들만의 잔치**	빨대 이야기 • 107
제7화	**아들의 방에서**	어설픈 앎은 해롭다 • 124

2부 상상 그 이상의 물리

제8화 **쌍둥이 누나의 회춘** 역설적인 시간여행 • 149

제9화 **벽** 바람에 실려오는 소리 • 172

제10화 **양자 컬트** 과학을 위한 자살 • 191

제11화 **특허청에서** 공짜로 에너지를 얻는 방법 • 212

제12화 **적도에서** 소용돌이 쇼 • 240

제13화 **모두 다 우연?** 컴퓨터 구두를 신고 카지노에 가다 • 255

제14화 **술 취한 포도밭 농부** 얼음으로 냉기를 막다 • 276

부록1   클로즈업 물리학 Q 문제풀이   285

부록2   가장 중요한 물리 공식 12가지   290

옮긴이의 말 297

찾아보기 300

나의 야릇한 끌개
안드레아에게

1부
거의 모든 것의 물리

제1화 성급한 축배

빌어먹을 '유레카!'

아르키메데스Archimedes가 불안한 듯 서성거린다. 그는 원래 오후가 되면 따뜻한 물로 목욕을 하면서 쉴 계획이었으므로 지금 평소보다 일찍 목욕탕에 와 있다. 시라쿠사 시내의 번잡함을 피하고 어쩌면 집 안에서 왕처럼 군림하는 부인을 피해 목욕탕에 온 다른 사내들이 그를 곁눈질한다. 저 자는 목욕탕을 '정신을 무력하게 만드는 노동에 대항하는 수단'으로 이용하라는 호메로스Homeros의 조언을 무시하는 듯하다. 어떻게 저런 녀석과 함께 휴식을 즐기란 말인가. 벌거벗은 아르키메데스는 몸을 가리는 수건을 한 손으로 붙든 채 땀을 흘리며 끙끙거리면서 왔다 갔다 한다. 보기 좋은 광경이 전혀 아니다. 하지만 아무도 항의하지 못한다. 아르키메데스는 모두가 존경하는 사상가일뿐더러 시라쿠사의 왕 히에론 2세Hieron II의 절친한 친구

이기 때문이다.

지금 아르키메데스가 안절부절못하는 것은 왕 때문이다. 왕을 위해 환상적인 무기를 제작하여 로마와 카르타고의 공격을 막아낼 길을 궁리하는 것은 아니다. 투석기와 방화용 거울은 대략적인 설계가 완성되었다. 이제는 기술자들의 손을 빌려 그것들을 실제로 제작하는 일만 남았고, 아르키메데스는 자신의 혁명적인 발명품들이 효과를 발휘하리라는 것을 조금도 의심하지 않는다. 그는 아침에 왕이 맡긴 문제에 몰두하는 중이다. 얼핏 생각하면 간단한 문제이다.

'어린' 히에론이라고도 불리는 히에론 2세는 전적이 화려한 싸움꾼이며 의심이 많고 호전적이다. 아르키메데스는 왕이 신뢰하는 얼마 안 되는 사람들 중 하나이다. 하지만 시라쿠사 구시가의 허름한 골목에서 작은 금은방을 운영하는 금세공사 필리포스는 왕의 신뢰를 전혀 받지 못한다. 히에론은 필리포스에게 순금 2미나(오늘날의 단위로 따지면 약 1kg)를 맡기고 그것으로 금관을 만들라고 지시했다. 히에론은 그 금관을 유명한 아폴론 신전에 바치면서 거창한 행사를 벌여 신에 대한 자신의 경외심을 시라쿠사 시민들에게 과시할 계획이다.

필리포스는 참으로 아름다운 금관을 제작한 대가로 약소한 수고비를 받았고, 그 금관의 무게는 정확히 2미나였다. 아무 문제도 없었고, 다들 만족할 수 있었다. 그러나 히에론은 여전히 의심을 거두지 않는다. 왕은 오늘 아침에 아르키메데스에게 말했다.

"난 그 필리포스라는 작자를 믿을 수 없네. 혹시 금세공사가 금의 일부를 몰래 빼돌리고 그 대신에 은을 사용하지 않았을까?"

10분의 1미나이면 10드라크마이니까, 그 정도만 빼돌려도 가난뱅이 생활을 청산하고 부자가 될 수 있다. 더군다나 순금에 그 정도의 불순물이 섞인 것은 겉으로 티가 나지 않는다. 히에론은 이렇게 덧붙였다.

"이 금관을 자네의 연구실로 가져가서 자네 마음대로 검사하게. 하지만 정말 멋진 금관이니 이 모습 이대로 보존해주길 바라네. 그리고 내일 아침에 나에게 와서, 이 금관이 정말 순금인지, 아니면 필리포스가 속임수를 썼는지 알려주게나."

그리고 지혜로운 아르키메데스에 대한 신뢰의 표시로 왕은 금관과 무게가 똑같은 직육면체 금덩이 하나를 추가로 주었다.

아르키메데스가 금관을 녹여도 된다면, 왕의 의심을 풀어주는 것은 누워서 떡 먹기일 것이다. 누구나 알듯이, 금은 은보다 더 무겁고, 따라서 은덩이는 같은 무게의 금덩이보다 더 크다. 바꿔 말해서 은덩이는 같은 크기의 금덩이보다 더 가볍다. 둘 사이의 무게 차이는 상당히 크다. 금은 같은 부피의 은보다 거의 두 배 무겁다. 따라서 금관을 녹여서 직육면체 모양으로 만든 다음에 그 크기를 히에론이 추가로 순 직육면체 금덩이와 비교하기만 하면 일이 끝날 것이다. 아르키메데스는 더 어려운 수학 문제들도 해결한 적 있다.

그러나 아르키메데스는 아름다운 금관을 파괴하지 말아야 한다. 게다가 그 금관은 정교하게 세공되었고 월계수 잎을 연상시키는 장식들까지 달려 있어서 수학 공식을 세워서 그것의 부피를 계산하는 것은 불가능하다. 이런 상황에서 금관의 부피와 금덩이의 부피를 어떻게 비교할 수 있을까? 아르키메데스가 문득 비명소리를 듣고 생각을 멈춘다.

"이런 젠장, 아르키메데스, 눈 좀 똑바로 뜨고 다니게!"

늙은 시인 테오크리토스Theocritos가 발을 움켜쥐고 있다. 생각에 잠긴 아르키메데스가 그의 새끼발가락을 밟은 모양이다.

"자네가 정신없이 서성거린 게 벌써 십 분째야."

테오크리토스가 불만을 토로한다.

"자네가 우리의 휴식을 방해하고 있다고. 게다가 방금 내 발까지 밟았어. 목욕탕에 오려면 고민이나 걱정거리는 밖에 놔두고 와야지. 그래서 우리가 이렇게 남자끼리만 있는 게 아닌가. 히포크라테스Hippocrates 때부터 내려온 규칙들을 지켜야 하지 않겠나. 그 오랜 규칙들 중에는 이런 것도 있네. 목욕탕에서는 쉬어라!"

아르키메데스가 미안함을 느끼며 시선을 떨군다. 늙은 시인은 그에게도 존경스러운 인물이다. 더군다나 오랜 관습에 대한 시인의 지적은 전적으로 옳다. 물론 목욕탕에 남자들만 있는 이유에 대해서는 이론의 여지가 있겠지만 말이다.

"게다가 자네 꼴은 또 뭔가."

늙은이의 잔소리가 이어진다. 제대로 열이 오르는 모양이다.

"온통 땀투성이라서 수건이 찰싹 달라붙었구먼! 목욕탕에 왔으면 목욕을 해야지. 방금 노예가 저쪽 온탕에 물을 부어놓았네. 우리가 양보할 테니, 그리로 가서 느긋하게 쉬게."

"옳은 말씀이십니다, 테오크리토스. 목욕을 하면 틀림없이 몸뿐만 아니라 정신도 깨끗해지겠지요."

아르키메데스가 작은 목소리로 말한다.

"그러길 바라네."

테오크리토스가 퉁명스러운 한마디로 대화를 끝낸다.

대리석 욕조에 담긴 물에서 김이 솟는다. 물은 욕조의 가장자리에서 한 뼘 떨어진 높이까지 채워져 있다. 아르키메데스가 노예에게 수건을 건네고 소음을 되도록 적게 내려고 애쓰면서 욕조 안으로 들어간다. 이어서 기분 좋은 신음을 내며 눈을 감고 몸을 눕힌다. 그의 몸 전체가 물속에 잠긴다. 첨벙! 욕조에서 넘친 물이 바닥에 쏟아지고, 모든 사람이 아르키메데스를 바라본다. 그의 어림짐작이 틀렸다. 한 뼘의 여유는 그의 몸을 받아들이기에 충분하지 않았다. 지난 몇 달 동안 몸무게가 얼마나 불어난 것일까 하고 고민하는 동안, 아르키메데스의 머리에 또 다른 생각이 떠오른다. 내 몸이 물을 밀어냈다! 정확히 내 몸의 부피만큼 밀어냈다. 만약에 욕조가 가득 채워져 있었다면, 정확히 내 몸의 부피만큼 물이 넘쳤을 것이다.

"유레카, 이제 알았다!"

아르키메데스가 외친다. 욕조에서 벌떡 일어나 물을 뚝뚝 흘리면서 밖으로 나온다. 타일로 장식된 바닥 위를 알몸으로 달리며 외친다.

"유레카! 이렇게 쉬운 것을 이제야 알아내다니!"

아르키메데스는 테오크리토스의 질책성 시선을 의식하고 나서야 수건을 집어 허리에 두른다. 하마터면 알몸으로 뛰쳐나가 거리를 활보할 뻔했다.

"고마워요, 테오크리토스! 당신의 조언 덕분에 해결책을 발견했습니다. 정말 고마워요. 그럼, 다들 편안한 오후 시간을 보내시기 바랍니다!"

아르키메데스는 벌써 떠났고, 목욕탕 안의 사내들은 고개를 설레설레 가로젓는다. 이제야 비로소 고요해졌다.

연구실로 돌아온 아르키메데스는 번개처럼 번득인 발상을 실현하기 위해 곧바로 작업에 착수한다. 그가 목욕탕에서 깨달았듯이, 물이 가득 찬 그릇에 물체를 집어넣으면서 그때 넘친 물을 받아 그 양을 측정하면 물체의 부피를 알아낼 수 있다. 금관과 금덩이는 무게가 똑같다. 이 두 물체가 모두 순금이라면, 이것들이 밀어낸 물의 양도 똑같아야 한다. 만일 금관이 순금이 아니라면, 금관이 밀어낸 물이 더 많을 것이다.

아르키메데스가 선반을 뒤져서 금관이 완전히 들어갈 만큼 큰 질그릇을 찾아낸다. 그 질그릇을 더 큰 대야 안에 놓는다. 질그릇에서 넘친 물은 대야에 모일 것이다. 이제 질그릇에 물을 가득 채운다.

아르키메데스가 물이 가득 담긴 질그릇에 먼저 금관을 조심스럽게 담근다. 수면이 위로 부풀어 오르고, 결국 물이 흘러넘친다. 그는 물의 흐름이 멈출 때까지 기다린 다음에 대야에 모인 물을 포도주잔에 쏟는다. 놀랄 만큼 적은 양이다! 이어서 금관을 꺼내고 질그릇에 다시 물을 가득 채운다. 이번에는 금덩이를 담근다. 아르키메

데스는 이번에도 수면이 부풀어 오를 것이라고 예상했지만, 뜻밖에도 물이 곧바로 넘쳐버린다. 질그릇의 가장자리가 이미 젖었고 금덩이가 물결을 일으켰기 때문이다.

아르키메데스는 넘친 물을 또 다른 포도주잔에 쏟는다. 이제 그는 두 잔을 나란히 놓고 비교할 수 있다. 비교해보니, 첫 번째 잔에 담긴 물이 조금 더 많다. 하지만 방금 그가 행한 두 번의 실험이 똑같은 조건에서 이루어졌다고 할 수 있을까?

무엇보다 의외인 것은 흘러넘친 물의 양이 아주 조금이라는 점이다. 그 양은 질그릇에 가득 찬 물의 양과 비교하면 미미할 정도이다. 아르키메데스는 자신의 실험 결과를 확신할 수 없다. 오류가 있을 가능성이 너무 커서, 확실한 판단을 내리는 것은 부적절하다. 게다가 금세공사의 목숨이 그의 판단에 달려 있을 수도 있다.

"빌어먹을 유레카!"

아르키메데스가 투덜거린다.

"내가 너무 성급하게 환호한 것 같군. 하지만 진짜 순금과 가짜 순금을 구별하는 더 좋은 방법이 틀림없이 있을 거야······."

진실을 알려주는 부력

위 이야기는 로마의 저술가 비트루비우스Vitruvius가 1세기에 쓴 글에 바탕을 둔다. 건축가이기도 한 그는 당대의 과학을 잘 알았다. 그러나 그가 남긴 유레카 이야기는 약간 빈약하다. 무엇보다 그 이야기는 이른바 '아르키메데스의 원리'의 발견과 무관하다.

비트루비우스의 이야기 속에서 아르키메데스는 부피가 큰 물체를 물에 담그면 많은 물이 넘친다는 아주 간단한 사실을 깨닫고 감격한다. 은이 금보다 밀도가 낮다는 것, 따라서 은으로 된 물체는 금으로 된 같은 무게의 물체보다 더 큰 공간을 차지한다는 것만 알아도, 아르키메데스의 깨달음은 시시하게 느껴진다. 반면에 아르키메데스의 원리는 모든 물체가 물속이나 임의의 매질 속에서 받는 부력에 관한 다음과 같은 명제이다. "매질 속의 물체는 자신이 밀어낸 매질의 무게만큼 부력을 받는다."

어째서 부력이 발생하는지는 제11화에서 자세히 다룰 것이다.

앞의 명제에서 예컨대 이런 귀결을 끌어낼 수 있다. 배는 자신의 무게만큼의 물을 밀어낼 때까지 물속에 잠긴다. 또한 물속에서 은덩이가 같은 무게의 금덩이보다 더 큰 부력을 받는다는 귀결도 얻을 수 있다. 왜냐하면 은덩이가 더 많은 물을 밀어내기 때문이다. 엄밀히 말하면 공기 속에서도 마찬가지다. 모든 계산과 추론에서 공기 속에서의 부력을 무시할 수 있는 것은 단지 물체들이 밀어낸 공기의 무게가 워낙 가볍기 때문이다.

아르키메데스의 원리는 시시하지 않다. 이 원리는 당대의 상식과 반대되었을 것이 분명하다. 이 원리를 깨달은 것은 획기적인 업적이었다. 그 깨달음이 없었다면, 현대의 비행기를 비롯한 수많은 발명품을 상상조차 할 수 없었을 것이다.

하지만 우선 아르키메데스가 첫 번째 시도를 통해 어디까지 이르렀을지 생각해보자. 고대 그리스에서 신들에게 바친 금관은 지름이 최대 20cm였다. 히에론 왕이 제작을 의뢰한 금관이 그 크기였고 질량이 1000g이었다고 가정해보자. 금관의 부피를 계산하려면 금과 은의 밀도를 알아야 한다. 금의 밀도는 $19.3g/cm^3$, 은의 밀도는 $10.5g/cm^3$이다.

순금 금관의 부피는 쉽게 계산할 수 있다. 1000g을 금의 밀도로 나누면 된다. 결과는 $51.8cm^3$이다. 음흉한 금세공사가 금 100g

을 빼돌리고 그 대신에 은을 채워 넣어서 금관을 만들었다고 해보자. 은 100g의 부피는 9.5cm³($=\dfrac{100}{10.5}$)이다. 한편, 금 100g의 부피는 5.2cm³이므로, 은이 섞인 금관의 부피는 순금 금관보다 4.3cm³만큼 크다.

순금 금관을 물속에 완전히 담그려면, 질그릇의 지름이 금관의 지름보다 더 커야 한다. 질그릇의 지름이 25cm라면 금관이 넉넉하게 들어갈 것이다. 이제 그만한 질그릇에 물을 가득 채우고 금관을 담그면, 수면의 높이가 얼마나 올라갈까?

순금 금관의 부피는 51.8cm³이다. 질그릇 속의 물은 이 부피만큼 밀려나고, 따라서 면적이 A인 수면이 h만큼 높아질 것이다. 우선 원의 면적을 구하는 공식을 써서 반지름이 12.5cm인 원형 수면의 면적을 구하자(우리는 이 책 전체의 계산에 반올림을 적용할 것이다. 그러므로 계산 결과는 대부분 수학적으로 정확한 값이 아니라 근삿값이다).

$A = \pi r^2 = \pi \times 12.5^2 = 490.9$

금관이 밀어낸 물 51.8cm³가 490.9cm²의 면적에 골고루 퍼질 것이므로, 수면의 높이 h는 대략 1mm만큼 높아질 것이다.

요컨대 수면의 상승은 계산상으로도 미미하다. 게다가 실제 실험에서 그 상승을 측정하기는 지극히 어렵다. 위 이야기에서 보았듯이, 물은 수면장력을 발휘하기 때문에 그릇 위로 부풀어 오를 수 있다. 그러므로 경우에 따라서는 금관을 담가도 물이 넘치지 않을 수 있다.

다행히 물이 넘친다 하더라도, 순금 금관을 담갔을 때 넘친 물의 양과 은이 섞인 금관을 담갔을 때 넘친 물의 양은 거의 차이가 없다. 은이 섞인 금관의 부피는 순금 금관보다 4.3cm³ 큰데, 이 부피를 원형 수면에 골고루 펼쳐놓는다면, 높이가 약 0.09mm인 원기둥을 이룰 것이다. 따라서 은이 섞인 금관을 담그면 순금 금관을 담글 때보다 수면이 약 0.09mm만큼 더 높아진다. 수학에 조예가 있는 판사라면 누구라도 측정의 정확도를 감안하여 이런 미미한 차이를 횡령의 증거로 인정하지 않을 것이다.

그러므로 금 횡령을 입증하려면 더 정교한 측정법이 필요한데,

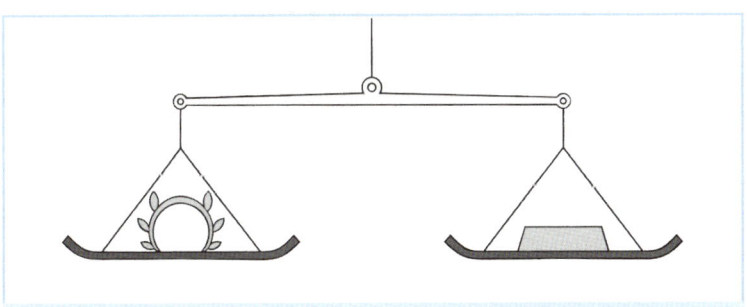

양팔저울의 양쪽 접시에 올려진 두 물체의 질량은 똑같이 1000g이다. 그것들이 공기 속에서 받는 부력은 아주 작으므로 무시할 수 있다. 따라서 양팔저울은 수평을 유지할 것이다.

한 가지 방법은 아르키메데스의 원리를 이용하는 것이다. 다양한 물질이 물속에서 받는 부력을 이용하면, 금 횡령 여부를 간단하고도 확실하게 알아낼 수 있다.

우선 아르키메데스의 시대에 널리 쓰인 양팔저울의 한쪽에 금관을 올리고 다른 쪽에 히에론이 추가로 준 금덩이를 올린다. 그러고서 양팔저울을 물속에 담가서 금관과 금덩이가 완전히 잠기게 만든다. 만일 질량이 똑같은 두 물체가 모두 순금이라면, 그것들은 부피가 같을 테고 따라서 똑같은 부력을 받을 것이다. 즉, 양팔저울은 수평을 유지할 것이다.

반면에 금관에 은이 섞였다면 어떻게 될까? 그러면 금관이 금덩이보다 부피가 더 커서 더 많은 물을 밀어낼 테고 아르키메데스의 원리에 따라 더 큰 부력을 받을 것이다. 따라서 양팔저울의 금덩이 쪽이 아래로 내려갈 것이다.

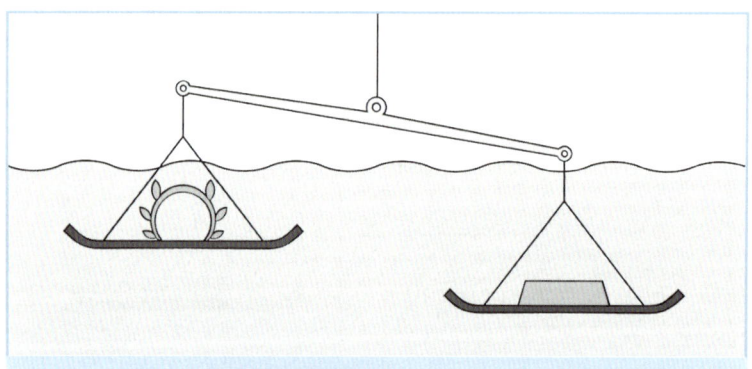

질량이 똑같은 금관과 금덩이가 서로 다른 물질이라면, 물속에서 받는 부력이 무시할 수 없을 정도로 달라지므로 물속에서는 양팔저울이 수평을 유지하지 못할 것이다.

이 방법은 실제로 유효할까? 이 질문에 답하려면, 우선 물체의 질량과 무게를 구분해야 한다. 질량과 무게의 구분은 물리학 수업에서 가장 먼저 배우는 것들 중 하나이지만 일상생활에서는 쉽게 망각된다. 우리는 흔히 누군가의 몸무게가 80kg이라고 말하지만, kg은 질량의 단위이지 무게의 단위가 아니다(하지만 이 책에서 사람이나 동물의 몸무게를 언급할 때마다 편의상 kg, t(톤) 등 질량의 단위를 사용하겠다). 질량 80kg은 예컨대 달에 가더라도 80kg인 반면, 용수철저울로 측정하는 무게는 달에 가면 지구에서보다 6배 작아진다. 용수철저울은 질량을 측정하지 않고 질량이 저울에 가하는 힘을 측정한다. 그리고 그 힘은 장소에 따라 달라진다. 당신이 물속에서 체중계 위에 올라서면, 몸무게가 0으로 측정될 것이다. 왜냐하면 당신이 물속에서 받는 부력은 공기 속에서 당신의 몸무게와 거의 정확하게 일치하기 때문이다.

내가 학교에 다닐 때만 해도 무게의 단위로 킬로폰드kilopond(기호는 kp이고 킬로그램중과 같음-옮긴이)가 널리 쓰였다. 아주 편리한 단위였다. 왜냐하면 밀도가 웬만큼 높은 물체는 적어도 공기 속에서의 무게가 질량 1kg당 1kp이기 때문이다. 오늘날 물리학에서는 모든 힘을 뉴턴(기호는 N) 단위로 나타낸다. 이 단위에 대한 설명은 뒤로 미루고, 일단 이것만 알아두자. 금이나 은이나 물이나 1kg의 무게는 지상에서 대략 9.8N이다.

이제 계산을 할 수 있다.

금덩이와 가짜 금관의 무게는 똑같이 9.8N이다. 그러나 두 물체는 물속에서 각각 다른 부력을 받는다. 금덩이는 물 51.8cm³를 밀어낸다. 그 물의 질량은 51.8g, 무게는 0.5N이다. 따라서 물속에 잠긴 금덩이는 0.5N만큼 부력을 받아서 결과적으로 무게가 9.3N이 된다.

다른 한편 가짜 금관은 부피가 금덩이보다 4.3cm³만큼 더 커서 56.1cm³이다. 이 부피만큼의 물은 무게가 0.55N이다. 따라서 물속에 잠긴 금관의 무게는 9.25N이다. 결론적으로 양팔저울은 금덩이 쪽이 아래로 내려간다.

그런데 0.05N만큼의 무게 차이를 아르키메데스 시대의 저울로 측정할 수 있을까? 0.05N은 약 5g에 해당하는데, 균형이 잘 맞는 양팔저울을 사용하면 이만큼의 차이를 충분히 측정할 수 있다. 고대 시라쿠사의 판사는 이 명백한 측정 결과를 증거로 채택했을 것이다.

더 나아가 이 깔끔한 측정법은 히에론 왕이 쩨쩨하게 100g짜리 금덩이를 비교 대상으로 주었더라도 유효했을 것이다. 100g짜리 금덩이만 있다면, 질그릇에서 넘치는 물을 측정하는 방법은 쓸모가 없다. 그러나 받침점의 위치를 바꿀 수 있는 양팔저울을 사용하면, 무게가 다른 두 물체를 양팔저울에 올리고도 균형을 잡을 수 있다. 왜

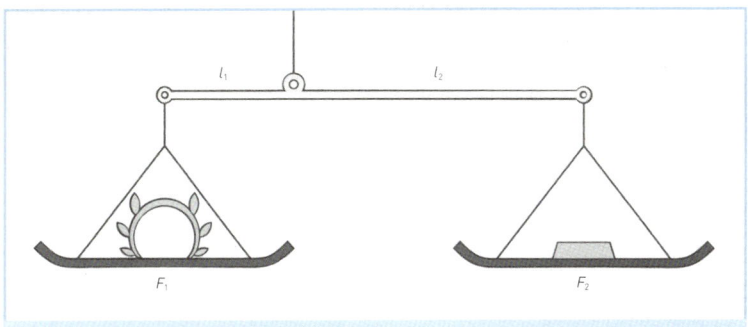

지레의 원리 : F_1=1000g, F_2=100g일 때, 1000g×l_1 = 100g×l_2이므로 l_2=10×l_1이 성립한다.

냐하면 양팔저울은 지레의 원리에 따라 균형을 잡기 때문이다. 지레의 원리란, 오른팔에 가해지는 힘 곱하기 오른팔의 길이와 왼팔에 가해지는 힘 곱하기 왼팔의 길이는 같다는 것이다. 이를 공식으로 적으면 다음과 같다.

$$F_1 \times l_1 = F_2 \times l_2$$

F_1과 F_2는 양팔 각각이 받는 힘(지탱하는 무게), l_1과 l_2는 양팔 각각의 길이를 뜻한다. 위 그림에서 오른팔의 길이 l_2가 왼팔의 길이 l_1의 10배라면, 양팔저울은 수평을 유지할 것이다. 그런 양팔저울을 물속에 담그면, 금관이 진짜 순금인지 아닌지가 확실히 드러날 것이다. 이것이야말로 진정한 '유레카'이다.

빙산은 전체의 $\frac{1}{7}$만 수면 위로 나온다고들 한다. 얼음은 바닷물보다 밀도가 낮아서 물에 뜨며 자신의 무게만큼의 물을 밀어낸다. 그런데 바닷물의 밀도가 1.02g/cm³이고 얼음의 밀도가 0.9g/cm³라면, 정말로 빙산 전체의 $\frac{1}{7}$이 수면 위로 올라올까?

제2화 마지막 활강

왜 뚱뚱한 사람이 더 빨리 미끄러져 내려갈까?

달리기에서 아버지를 처음으로 앞지르는 것은 모든 아들의 일생에서 감개무량한 체험이다. 드디어 내가 더 빠르다! 그 순간, 뼈근하게 차오르는 성취감. 다른 사람을 이겼기 때문이 아니라, 이 승리가 새로운 단계로의 이행을 의미하기 때문이다. 어린 시절을 벗어나 적어도 신체적으로는 성인으로 인정받는 단계로의 이행.

　남자의 일생에서 처음으로 아들에게 추월당하는 순간의 감정은 참으로 양면적이다. 그것은 경주에서 진 사람의 느낌이 아니다. 누구나 자기 자식에게는 모든 것을 기꺼이, 무조건 내준다. 져서 섭섭한 것은 결코 아니다. 하지만 이 패배는 영구적이다. 이제부터는 매번 아들이 이길 것이고, 격차는 점점 더 벌어질 것이다. 이 순간은 아버지에게도 이행을 의미한다.

오스트리아의 스키 휴양지 죌덴의 '추어 젠너린'이라는 식당에서 아들 마르셀과 함께 저녁식사로 큼직한 계란빵을 먹는 슈테판 푸처의 머릿속에 이런 생각들이 스쳐간다. 스키장에서 보낸 하루는 부자 모두에게 고되었다. 두 사람 다 근육통을 얻었다. 하지만 슈테판 푸처는 아들이 스키를 자신보다 더 잘 탄다는 깨달음까지 얻었다. 적어도 아들이 더 빠른 속도로 스키를 탄다는 것만큼은 확실했다.

부자는 12년 전부터 함께 스키를 탔다. 1년에 한 번, 독일 북부의 평야를 떠나 오스트리아나 티롤 남부나 스위스의 알프스 산지에서 일주일을 보냈다. 푸처는 마르셀에게 스키의 앞부분을 모아서 전체적으로 A자 모양을 만드는 법을 처음 가르친 날을 지금도 기억한다. 그의 스키 위에 쭈그리고 앉아 그의 양다리를 끌어안은 아들과 함께 비탈에서 우아한 곡선을 그리던 것도 기억한다.

그런데 세 번째 스키 휴가부터 아이는 아버지와 스키를 타는 것에 싫증을 느끼기 시작했다. 아이는 제 또래들과 활강하는 것을 더 좋아했다. 아버지는 점점 더 말수가 적어졌지만, 그날의 마지막 활강에서 기꺼이 가파른 비탈을 선택하여 자신의 찬란한 솜씨를 다시 한 번 선보였다. 누가 더 노련한 스키 선수인지 분명히 해둘 필요가 있었기 때문이다.

그러나 오늘은 전혀 달랐다. 마지막 활강에서 마르셀이 그를 앞질러 쏜살같이 내려갔다.

"위험해, 천천히 가!"

슈테판 푸처가 뒤에 쳐져서 외쳤다. 그러나 그는 마르셀이 만용을 부리는 것이 아님을 알고 있었다. 열여섯 살이 된 아들은 매우 안정되고 우아한 동작으로 활강한 반면, 마흔다섯 살이 된 아버지는 때때로 자신이 한계에 도달했다고 느꼈다.

"정말 끝내주는 활강이었어요! 눈도 완벽했고, 날씨도 좋았어요. 스키는 이럴 때 타야 제맛이라니까요!"

마르셀이 들뜬 기분으로 말한다. 여전히 속도감에 취하고, 자신이 비탈의 종착점에 맨 먼저 도착했다는 사실에 취한 상태다.

"그럼, 그럼."

아버지가 동의를 표한다. 충분히 성의 있는 맞장구인가? 푸처는 그렇기를 바란다.

"내일은 나랑 시합해요. 회전 경기장에서요. 1유로를 내면 시간도 측정해준대요. 할 거죠?"

마르셀이 푸처에게 도전한다.

"그래, 그러자. 비용은 내가 댈게. 진 사람이 이긴 사람한테 음료수 사주기로 하고."

아버지가 말한다.

"아하, 내일은 공짜 음료수를 마시게 생겼네."

마르셀이 웃는다. 아버지는 그저 미소만 짓는다.

밤에 눈이 내리고, 이튿날의 날씨는 전날과 마찬가지로 스키를 타기에 최적이다. 파란 하늘, 방금 쌓여 포슬포슬한 눈, 잘 정리된 비탈. 부자는 온종일 함께 스키를 탄다. 점심시간에만 잠시 쉬고, 오후에는 관광객을 위한 회전 경기장으로 간다.

말할 필요도 없고 두 사람 다 짐작하는 바이지만, 슈테판 푸처가 아들 마르셀을 이길 가망은 없다. 12년에 걸쳐 스키를 수련한 아들은 민첩하게 기문들을 통과하여 아버지보다 2초 먼저 결승점에 도착한다. 뒤늦게 도착한 아버지는 숨을 헐떡거린다. 다시 한 번 해봐도 진실은 달라지지 않는다. 마르셀의 승리는 확실하고 최종적이다.

"자, 이제 누가 스키를 더 잘 타는지 분명히 아셨죠? 빨리 휴게소로 내려가요. 약속대로 음료수 사주셔야죠."

마르셀이 약간 거만하게 말한다.

"그래, 알았다."

아버지가 여전히 숨을 가쁘게 쉬면서 대꾸한다.

"하지만 그렇게 으스댈 것까지는 없잖니?"

아버지의 목소리에서 이대로 질 수 없다는 의지가 묻어난다.

"아무튼, 온종일 스키를 타고 나니까 내가 조금 피곤하구나. 그러니 가파른 상급자 코스로 내려가지 말고 숲을 통과하는 장거리 직선 활강코스로 내려가자."

"좋아요, 그렇게 해요. 이번에도 시합이죠?"

자신감으로 충만한 아들이 도발적으로 대답한다. 이 순간 슈테판 푸처의 머릿속에서 한 가지 생각이 떠오른다. 짜릿한 복수에 대한 기대감도 몰려온다. 물리학 교사인 푸처는 오늘의 패배를 승리로 뒤바꿀 마지막 기회가 왔음을 감지한다.

"그래, 좋다. 그런데 시합의 규칙을 이렇게 정하자꾸나. 우리가 출발점에 나란히 서서 그냥 미끄러져 내려가기로 하자. 팔이나 다리를 움직이면 반칙이야. 그리고 이 시합에서 이기는 사람을 오늘 전체의 승자로 하자."

"도박을 하자는 거예요?"

아들이 웃는다.

"규칙을 그렇게 정하면, 스키 실력하고 무관한 시합이 되잖아요. 우리가 그냥 중력에 끌려서 아래로 내려가는 것뿐이니까요."

잠깐 침묵한 다음에 아들이 계속 말을 잇는다.

"물론 아버지가 저보다 물리학을 더 잘 아시죠. 하지만 2년 전에 제가 학교에서 물체들을 경사면을 따라 내려보내는 실험을 했었거든요. 그때 해보니까, 자유낙하와 비슷한 결과가 나오더라고요. 물체가 굴러 내려가든 미끄러져 내려가든, 마찰력만 똑같으면, 모든 물체가 똑같은 속도로 내려갔어요. 그런데 지금 우리는 똑같은 스키를 신었거든요. 그러니 아버지가 제안한 규칙대로 시합하면, 뚱뚱한 아버지와 날씬한 제가 동시에 결승점에 도착할 거라고요."

"뭐, 그럴 수도 있겠지."

아버지가 보일락 말락 미소를 지으며 말한다.

"뚱뚱하다는 말은 못 들은 걸로 하마. 내가 너보다 키가 크고 체격이 조금 더 다부진 것은 사실이지. 아무튼, 시합을 한번 해보자꾸나."

두 사람이 장거리 코스의 출발선에 나란히 서서 폴로 땅을 짚는다. "출발!" 하는 소리와 함께 폴을 들어올린 두 사람은 기괴하다 싶을 정도로 느리게 내려가기 시작한다. 그러나 불과 몇 미터 내려

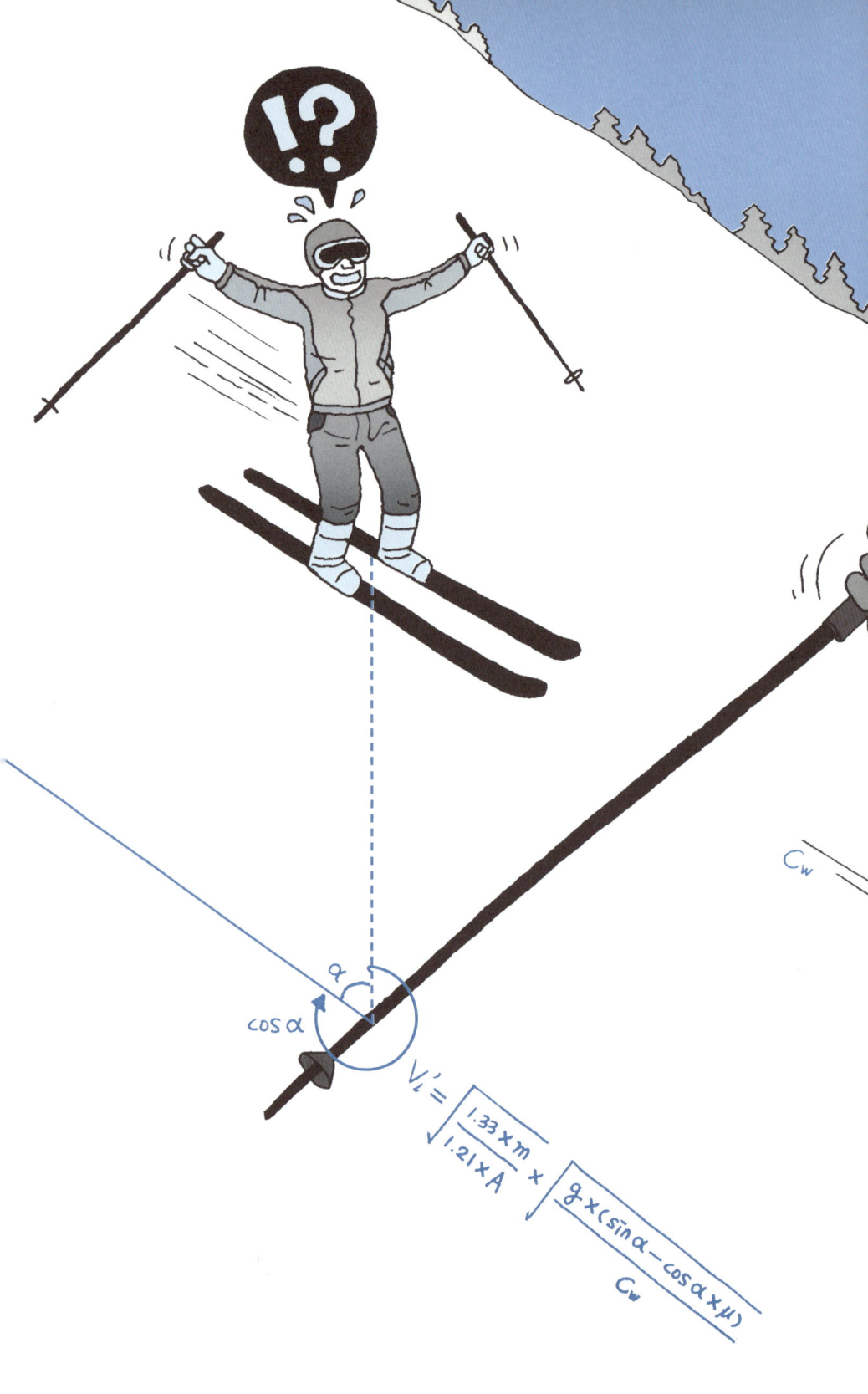

갔을 때부터 아버지가 아들을 앞지른다. 초급자 코스여서 경사가 완만하기 때문에 스키에 익숙한 사람들은 굳이 곡선을 그릴 필요가 없다. 그냥 미끄러져 내려가도 안전하다.

몇백 미터 내려간 곳에서 마르셀은 아버지의 스키 실력은 이제 자신보다 처지지만 물리학 실력은 여전히 앞선다는 것을 쓰라리

게 깨닫는다. 아버지와 아들 사이의 간격은 아주 조금씩 벌어져 2km 코스의 절반을 지날 즈음에는 10m가 된다. 마르셀이 쭈그리고 앉는다. 슈테판 푸처도 똑같은 자세를 취한다. 아들은 거의 드러누워도 보고 스키를 옆으로 기울여 모서리만 바닥에 닿게도 해보지만 소용이 없다. 아버지가 더 빨리 내려가서 25m 간격을 벌린 채로 결승선을 통과한다.

"정말 끝내주는 시합이었어!"

슈테판 푸처가 외친다. 승리에 도취한 모양이다.

"그러네요, 뚱뚱이가 이기네요."

마르셀이 투덜거린다.

"휴게소에 들어가요. 음료수 사드릴게요. 시원하게 한잔 드시면서, 왜 무거운 사람이 가벼운 사람보다 먼저 내려오는지 설명해주세요."

여담인데, 음료수 값은 결국 아버지가 지불했다.

공기의 저항

다른 조건들이 동일하다면, 무거운 스키 선수가 가벼운 스키 선수보다 더 빨리 미끄러질까? 스키 선수들에 대해서 이야기하기 전에 더 간단한 예로 기울기가 무한대인 경우, 즉 자유낙하를 살펴보자. 무거운 물체는 가벼운 물체보다 더 빨리 떨어질까? 옛날 사람들은 당연히 그렇다고 믿었기 때문에 정말로 그런지 실험해볼 생각조차 하지 않았다. 전설에 따르면 갈릴레오 갈릴레이Galileo Galilei는 피사의 사탑에서 크기는 같고 무게는 다양한 공들을 떨어뜨림으로써 낙하 법칙을 증명했다고 한다. 그가 떨어뜨린 공들은 무게와 상관없이 동시에 바닥에 도달했다고 한다.

그러나 이 이야기는 그냥 전설에 불과할 가능성이 높다. 이렇게 추정하는 이유는 여러 가지다. 첫째, 당시에는 공의 낙하처럼 빠른 운동을 정확히 측정할 수 있는 시계가 없었다. 그래서 갈릴레이는 경사면을 이용했다. 그는 공들이 경사면을 굴러 내려가게 했다.

둘째, 갈릴레이는 오래전부터 길을 잘못 든 상태였다. 1590년경에 쓴 초기작 《운동에 관하여 De Motu》에서 갈릴레이는 물체의 낙하 속도가 물체의 무게에 따라 달라진다는 아리스토텔레스Aristoteles의 (그릇된) 주장을 반박하려 애썼다. 젊은 갈릴레이는 복잡하지만 아쉽게도 역시 그릇된 이론을 개발했다. 그것은 낙하 속도가 물체의 무게가 아니라 밀도에 따라 달라진다는 이론이었다.

그러나 갈릴레이는 실험 결과들을 기꺼이 수용했고 자신의 이론이 실제와 일치하지 않음을 깨달았다. "한 물체가 적당한 속성을 지니고 있어서 다른 물체보다 두 배 빠르게 떨어지게 되어 있다고 해보자. 이 두 물체를 탑 위에서 떨어뜨리면, 전자와 후자는 거의 동시에 바닥에 도달한다." 이 쓰라린 깨달음은 그를 가만히 내버려두지 않았고, 몇 년 뒤에 그는 모든 물체가 똑같은 속도로 떨어진다는 올바른 낙하 법칙을 발견했다. 적어도 마찰력을 무시하면, 모든 물체는 똑같은 속도로 떨어진다.

왜 그럴까? 낙하 법칙은 질량의 관성과 관련이 있다. 무릇 질량은 관성을 지녔다. 다시 말해, 질량은 현 상태를 유지하려 하고 변화에 저항한다. 멈춘 질량도 그렇지만, 일정한 속도로 운동하는 질량도 그렇다. 따라서 관성을 극복하려면 힘을 가해야 하고, 그 힘의 크기는 질량에 비례해야 한다. 질량이 두 배로 커지면, 힘도 두 배로 커져야 한다.

지구의 중력장 안에 있는 모든 물체는 항상 중력을 받는데, 그 중력이 바로 물체의 무게이다. 무게는 질량에 비례하고 흔히 질량과 혼동된다. 제1화에서도 언급했듯이 과거에는 무게의 단위로 킬로폰드(킬로그램중)가 쓰였는데, 1kp는 질량이 1kg인 물체의 무게와 대체로 일치했다. 엄밀히 따지면, 저울의 눈금에 kg이 표시된 것은 오류이다. 왜냐하면 저울이 측정하는 것은 물체가 저울에 가하는 힘이지 물체의 질량이 아니기 때문이다.

힘(F)과 질량(m)을 알면, 중력장 안에서 낙하하는 물체가 겪는 가속도(a)를 계산할 수 있다. 아래 공식이 성립한다.

$$F = m \times a$$

a에 대해서 풀면 다음과 같다.

$$a = \frac{F}{m}$$

그런데 F와 m은 서로 비례하므로, 위 등식의 우변은 질량이 얼마인지와 무관하게 일정한 값이다. 요컨대 모든 물체는 똑같은 가속도를 겪는다.

지구의 중력장 안에서 모든 물체가 동일하게 겪는 가속도를 일컬어 중력가속도라고 하고 기호 g로 나타낸다. 중력가속도 g의 값은 대략 $9.8 m/s^2$이다.

이와 관련해서 언급할 것이 두 가지 있다. 첫째, 순전히 우연이지만, 중력가속도의 값이 대략 10인 덕분에 우리는 많은 물리학 계산을 쉽게 할 수 있다. 예컨대 질량 1kg의 무게는 9.8N, 대략 10N이다.

둘째, 가속도의 단위인 m/s^2(미터 퍼 초 제곱)은 많은 사람을 어리둥절하게 만든다. s^2, 즉 초의 제곱이 도대체 무슨 뜻이란 말인가? 미터의 제곱은 면적이니까, 초의 제곱은 시간의 면적일까? 천만의 말씀이다. 가속도는 속도가 얼마나 빨리 변하는지 알려주는 양이다. $9.8 m/s^2$은 '초당 $9.8 m/s$만큼의 속도 변화'를 의미한다. 즉, 속도가 1초마다 $9.8 m/s$만큼 빨라진다는 뜻이다. 멈춰 있던 물체가 낙하하면, 물체의 속도는 1초 후에 $9.8 m/s$가 되고 2초 후에 $19.6 m/s$가 된다. 이런 식으로 속도가 계속 빨라진다.

많은 사람이 중력가속도가 모든 물체에 대해서 동일하다는 사실을 쉽게 납득하지 못한다. 왜냐하면 이 사실은 많은 일상 경험과 상충하기 때문이다. 예를 들어 부푼 풍선은 쇠구슬보다 느리게 떨어지고, 깃털은 동전보다 늦게 바닥에 도달한다. 이 두 경우에 낙하가 느려지는 원인은 공기의 저항이다. 예컨대 풍선 속의 공기를 빼면, 풍선은 공기의 저항을 훨씬 덜 받아서 거의 돌멩이처럼 빠르게 떨어진다. 깃털의 경우에는, 거의 모든 학생이 물리학 수업에서 깃털과 동전을 커다란 유리관 속에 넣고 떨어뜨리는 실험을 해보았을 것이다. 처음에는 깃털이 더 느리게 떨어진다. 그러나 공기펌프를 써서 유리관 속의 공기를 빼내면, 깃털과 동전이 정말 똑같은 속도로 떨어진다.

깃털의 낙하에 대해서 좀 더 생각해보자. 작은 깃털은 큰 깃털과 똑같은 속도로 떨어질까? 오리의 가슴에 있는 아주 작은 깃털과 옛날에 필기구로 쓰인 커다란 거위 깃털을 상상해보라. 작은 깃털은 말 그대로 공중에서 춤을 추고 때로는 상승기류를 타고 솟아오르기까지 하는 반면, 큰 깃털은 대체로 공기에 아랑곳없이 떨어진다. 큰 깃털에게는 공기의 저항이 대수롭지 않은 듯하다. 무거운 스키 선수와 가벼운 스키 선수의 경우도 이와 매우 유사하다. 공기의 저항은 가벼운 스키 선수에게 더 큰 영향을 끼친다.

이 사실은 계산을 통해서도 확인할 수 있다. 그러려면 이제껏 살펴본 수직으로 떨어지는 자유낙하가 아니라 경사면을 따라 비스듬히 내려가는 운동을 고찰해야 한다.

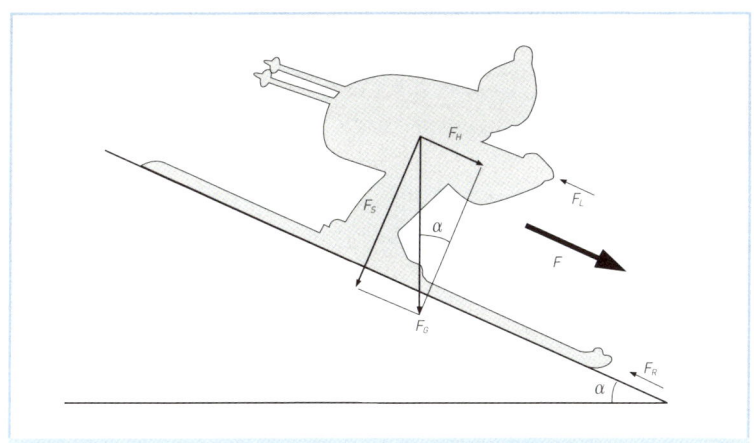

경사면을 따라 비스듬히 내려가는 사람-스키 시스템에 작용하는 힘 분해도
(α: 경사 각도, F_G: 사람-스키 시스템의 무게, F_S: 사람-스키 시스템이 경사면을 수직으로 누르는 힘, F_H: 활강력, F_L: 공기의 저항, F_R: 스키와 눈 사이의 마찰력, F: 사람-스키 시스템에 작용하는 알짜힘)

    자유낙하에서는 물체의 무게 전체가 가속도를 만들어내는 반면, 경사면에서는 무게의 일부만 가속도를 만들어낸다. 그 일부를 활강력downhill force이라고 하는데, 활강력은 경사면의 기울기가 완만할수록 작아진다. 사람-스키 시스템(사람과 스키를 아우른 전체)은 무게중심이 있고, 그 무게중심은 스키 선수의 몸 바깥에 놓일 수도 있다. 아무튼 이제부터 우리가 고찰할 힘들은 모두 그 무게중심에 작용한다. 우선 사람-스키 시스템의 무게 F_G가 있는데, 이 힘은 지구의 중심을 향한다. 그런데 우리는 평행사변형을 그림으로써 힘을 거의 우리 마음대로 분해할 수 있다. 지금 고찰하는 상황에서 우리에게 중요한 것은 경사면과 평행하게 작용하는 힘 F_H이다. 그러므로

무게를 나타내는 화살선을 두 성분, 즉 활강력 F_H와 사람-스키 시스템이 경사면을 수직으로 누르는 힘 F_S로 분해하자.

활강하는 스키 선수가 점점 더 빨라지는 것을 무엇이 막을까? 우리의 이야기에서 아버지와 아들은 마치 스키 위에 얹어놓은 쌀자루처럼 아무 동작 없이 미끄러져 내려가므로, 그들의 활강을 막는 것은 스키와 눈 사이의 마찰력과 공기의 저항뿐이다.

그 마찰력을 F_R, 공기의 저항을 F_L이라고 하자. 그러면 스키 선수를 결승선으로 끌어당기는 힘 F는 아래와 같다.

$$F = F_H - F_R - F_L$$

따라서 스키 선수가 겪는 가속도 a는 아래와 같다.

$$a = \frac{F_H - F_R - F_L}{m}$$

우변에 있는 세 가지 힘을 계산하려면, 삼각함수가 필요하다. 다시 말해 공포의 사인과 코사인을 다뤄야 한다. 하지만 여기에서는, 직각삼각형의 한 각의 사인값은 그 각 건너편의 변을 분자로 삼고 빗변을 분모로 삼아 만든 분수와 같다는 것만 알면 충분하다. 경사면의 기울기를 나타내는 각 α는 앞의 그림에서 보듯이 힘들의 평행사변형 안에서도 등장한다. 따라서 다음 등식들이 성립한다.

$$\sin \alpha = \frac{F_H}{F_G}$$
$$F_H = F_G \times \sin \alpha = m \times g \times \sin \alpha$$

보다시피 스키 선수의 질량(m)과 중력가속도(g)가 활강력(F_H)에 영향을 미친다.

스키와 눈 사이의 마찰력은 얼마나 클까? 이 마찰력의 크기는 여러 요인에 의해 결정된다. 예컨대 눈의 상태와 기온에 따라 마찰력의 크기가 달라진다. 스키와 눈 사이에 수막이 형성되는 경우, 스키 선수는 매우 빠르게 미끄러진다. 하지만 눈이 질척거릴 정도로 물기가 많으면, 스키 밑의 물이 오히려 제동 작용을 하게 된다.

스키 선수의 질량도 마찰력에 영향을 미칠까? 전문가들의 견해는 엇갈린다. 하지만 우리는 눈이 쌓이지 않은 경사면에서와 마찬가지로 스키장에서도 질량이 큰 물체일수록 더 큰 마찰력을 겪는다고 전제하자. 다른 모든 환경 요인은 마찰계수 μ로 포괄할 수 있다. 따라서 마찰력은 스키 선수의 질량 m에 비례하고 마찰계수 μ에 비례할 텐데, 정확히 말하면 사람-스키 시스템이 경사면을 수직으로 누르는 힘 F_S에 μ를 곱한 값과 같다.

$$\cos \alpha = \frac{F_S}{F_G}$$
$$F_R = F_S \times \mu = F_G \times \cos \alpha \times \mu = m \times g \times \cos \alpha \times \mu$$

스키는 활강력이 마찰력보다 클 때만 미끄러진다. 이 두 힘은 (눈의 상태와 경사면의 기울기가 일정하다면) 질량에 비례하고 비례상수만 서로 다르다. 따라서 활강력에서 마찰력을 뺀 나머지 힘도 질량에 비례하고 스키 선수가 활강하는 내내 일정하게 유지될 것이다. 바꿔 말해서 무거운 스키 선수와 가벼운 스키 선수는 동일한 가속도를 활강하는 내내 변함없이 겪을 것이고, 따라서 이들의 속도는 무한정 빨라질 것이다.

그러나 이런 지속적인 가속은 우리의 경험과 확실히 반대된다. 특히 완만한 비탈에서는 어느 순간 가속이 끝나고 스키 선수는 종단속도에 도달하여 더는 빨라지지 않는다. 가파른 비탈에서는 스키 선수가 엄청나게 빨라져서 서 있을 수조차 없는 지경에 이를 수도 있다. 하지만 이 경우에도 적어도 이론적으로는 종단속도가 존재한다. 낙하산을 타본 사람이라면 누구나 알겠지만, 심지어 자유낙하하는 물체도 계속 빨라지지는 않는다.

이처럼 가속이 중단되는 것은 물체의 속도가 빨라질수록 커지는 공기의 저항이 또 다른 제동력으로 작용하기 때문이다. 공기의 저항력을 구체적으로 계산하는 일은 매우 어려운 과제이다. 왜냐하면 이 힘은 물체가 유선형인지 여부를 비롯한 수많은 요인에 의해 결정되기 때문이다. 자동차 광고에서도 가끔 등장하는 이른바 '항력계수(기호는 c_w)'는 물체의 형태에 따라 달라지는데, 이 계수의 값은 풍동 실험wind tunnel test을 통해서만 알아낼 수 있다. 항력계수의 값을 알면, 다음의 공식을 통해 공기의 저항력 F_L을 계산할 수 있다.

$$F_L = c_w \times A \times v^2$$

v는 물체의 속도, A는 물체의 표면 중에서 '바람을 맞는 면적'을 뜻한다. 스키 선수의 예에서는, 스키 선수의 앞에서 빛을 비출 때 뒤쪽 벽에 드리우는 그림자의 면적이 A라고 할 수 있다. A가 크면 스키 선수는 더 많은 바람을 맞아 더 많이 제동된다. 이것은 낙하산의 작동 원리이기도 하다.

위 등식에서 알 수 있듯이, 속도가 빨라지면 공기의 저항력은 급격히 커진다. 속도가 두 배로 빨라지면, 공기의 저항은 네 배로 커진다. 반면에 활강력(에서 마찰력을 뺀 값)은 활강이 이루어지는 내내 변함이 없으므로, 공기 역학적인 속성이 우수한 몸매를 소유한 스키 선수라 하더라도 바람을 맞는 면적 A를 최소화할 필요가 있다. 또한 스키 선수가 아무리 애를 쓰더라도 언젠가는 공기의 저항이 충분히 커져서 활강력과 공기의 저항력이 같아진다. 그러면 스키 선수에게 작용하는 힘은 0이 되고, 스키 선수는 일정한 속도로 운동하게 된다.

스키 선수의 가속도를 수학적으로 계산하면 다음과 같다.

$$a = \frac{F_H - F_R - F_L}{m} = \frac{F_H}{m} - \frac{F_R}{m} - \frac{F_L}{m}$$

$$= \frac{m \times g \times \sin\alpha}{m} - \frac{m \times g \times \cos\alpha \times \mu}{m} - \frac{c_w \times A \times v^2}{m}$$

$$= g \times (\sin\alpha - \cos\alpha \times \mu) - \frac{c_w \times A \times v^2}{m}$$

이제 몸무게 차이가 나는 아버지와 아들이 스키를 타는 경우를 생각해보자. 사람의 키와 몸무게는 천차만별이다. 간단한 계산을 위해서, 아들을 10% 확대하면 아버지가 된다고 가정하자. 물론 이것은 너무 단순한 가정이다. 성인과 청소년은 신체 부분들의 비율이 다르니까 말이다(특히 아기는 신체 부분들의 비율이 성인과 무척 다르다. 옛날 그림 속의 아기 예수는 작은 성인처럼 표현되어 있는 경우가 많다. 그런 그림은 우리 현대인의 눈에 우스꽝스럽게 보인다). 하지만 이렇

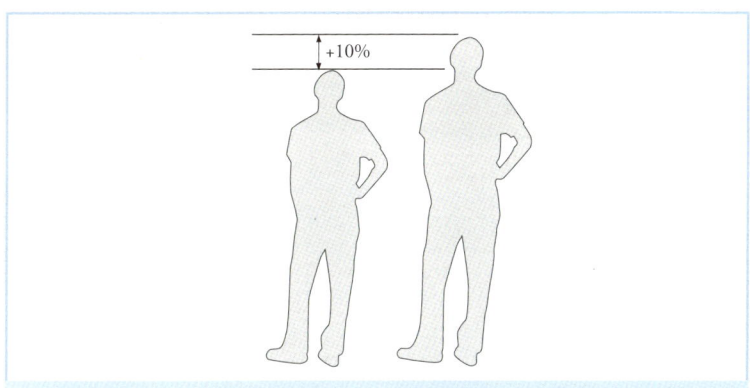

아버지가 아들보다 10% 크다면, 아버지의 몸무게는 아들보다 10% 무거운 게 아니라 약 33% 무겁다.

게 가정하면 계산은 훨씬 쉬워진다. 아들을 10% 확대한다는 것은, 모든 치수(가로, 세로, 높이)를 10% 늘린다는 것이다. 현실에서도 성인은 청소년보다 키가 클 뿐 아니라 가슴너비와 허벅지 굵기도 크므로, 이 같은 확대는 비현실적이지 않다.

이런 의미에서 아버지가 아들보다 10% 크다면, 아버지의 몸무게는 아들보다 10% 무거울까? 많은 사람이 그렇다고 착각한다. 10% 확대가 공간의 세 차원 모두에서 이루어진다는 점을 명심해야 한다. 주사위를 예로 들어보자. 변의 길이가 1m인 주사위의 부피는 $1m^3$인 반면, 변의 길이가 1.1m인 주사위의 부피는 $1.1 \times 1.1 \times 1.1 = 1.33m^3$이다.

이런 이치는 사람처럼 복잡한 물체에도 적용된다. 그러므로 아버지의 부피는(따라서 질량도) 아들의 1.33배이다.

아들의 질량이 m이고 아버지의 질량이 m'이라면, 아래 등식이 성립한다.

$$m' = 1.33 \times m$$

이제 아버지와 아들의 가속도를 비교하기 위해, 아버지의 가속도(a')를 식으로 표현해보자.

$$a' = g \times (\sin\alpha - \cos\alpha \times \mu) - \frac{c_w \times A' \times v'^2}{m'}$$

m'의 값은 m을 알면 쉽게 구할 수 있지만, A'은 어떨까? A는 아들이 바람에 노출되는 단면적, A'은 아버지가 바람에 노출되는 단면적이다. 앞의 사람 그림을 보면 알 수 있듯이, A'은 A의 1.1×1.1배, 즉 1.21배이다.

이제 a'에 대한 등식을 아래처럼 적을 수 있다.

$$\begin{aligned} a' &= g \times (\sin\alpha - \cos\alpha \times \mu) - \frac{1.21}{1.33} \times \frac{c_w \times A \times v'^2}{m} \\ &= g \times (\sin\alpha - \cos\alpha \times \mu) - 0.9 \times v'^2 \times \frac{c_w \times A}{m} \end{aligned}$$

앞의 등식에는 여전히 v'^2이 들어 있는데, 이 항의 값은 쉽게 구할 수 없다(구하려면 미분방정식을 풀어야 한다). 그러나 a'을 나타내는 식과 a를 나타내는 식을 자세히 비교하면 알 수 있듯이, 아버지와 아들이 임의의 속도 v로 미끄러지는 중이라면, 아버지의 가속도가 아들보다 크기 마련이다. 왜냐하면 a는 똑같은 값(공기 저항이 없을 때의 가속도, 즉 $g \times (\sin\alpha - \cos\alpha \times \mu)$)에서 $\frac{c_w \times A \times v^2}{m}$을 뺀 결과인 반면, a'은 똑같은 값에서 $\frac{0.9 \times c_w \times A \times v^2}{m}$을 뺀 결과이기 때문이다. 이 같은 가속도 차이는 처음부터, 즉 v가 0보다 커지자마자 발생하여 계속 유지되므로, 아들은 절대로 아버지보다 빨라질 수 없다.

위의 등식들을 기초로 아들과 아버지의 종단속도 v_l과 v_l'도 계산할 수 있다. 종단속도는 가속도가 0이 될 때의 속도이다. 아들의 가속도가 0이 된다는 것은 다음의 등식이 성립한다는 것이다.

$$m \times g \times (\sin\alpha - \cos\alpha \times \mu) - c_w \times A \times v_l^2 = 0$$

v_l에 대해서 풀면 아래와 같다.

$$v_l = \sqrt{\frac{m}{A}} \times \sqrt{\frac{g \times (\sin\alpha - \cos\alpha \times \mu)}{c_w}}$$

마찬가지로 v_l'은 아래와 같다.

$$v_l' = \sqrt{\frac{1.33 \times m}{1.21 \times A}} \times \sqrt{\frac{g \times (\sin\alpha - \cos\alpha \times \mu)}{c_w}}$$

$$= 1.05 \times v_l$$

요컨대 아들보다 10% 큰 아버지는 5% 빠른 종단속도에 도달한다!

아버지가 아들보다 얼마나 앞서서 결승선에 도달하는지 계산하려면 약간 더 어려운 수학을 활용해야 한다. 마이센대학의 수학자 노르베르트 헤르만Norbert Herrmann은 (우리가 도출한 것들과 약간 다른 등식들에 기초하여) 몸무게 80kg인 사람과 110kg인 사람이 1km 거리를 미끄러져 내려갈 경우에 무거운 사람이 가벼운 사람을 얼마나 앞지르게 되는지 계산했다. 그가 얻은 결과는 약 16m의 격차가 벌어진다는 것이다. 결론적으로 스키 선수에게는 무거운 몸무게가 장점일 수 있다!

클로즈업 물리학 Q

틀림없이 당신도 해본 적이 있을 텐데, 의자에 앉아서 몸을 요령 있게 움찔거리면 발을 바닥에 대지 않고도 의자와 함께 다른 위치로 이동할 수 있다. 즉, 질량의 운동이 일어나는 것인데, 그러려면 외부에서 힘이 가해져야 한다. 그러나 의자에 앉은 사람이 발휘하는 힘은 사람과 의자로 이루어진 시스템 내부의 힘이다. 사람과 의자를 이동시키는 외부의 힘은 어디에서 나올까?

제3화 말 두 마리의 힘

청바지 찢기 실험

1886년 초여름, 어느 화창한 날. 리바이 스트라우스Levi Strauss와 제이콥 데이비스Jacob Davis가 샌프란시스코 프레몬트 가에 위치한 스트라우스의 가게에 앉아 있다. 오전 내내 샌프란시스코 만을 점령했던 안개는 걷혔고, 그들은 한낮의 휴식을 즐기는 중이다.

"너도 봤니? 롬바드 가에서 '진Jeans'을 99센트에 팔더라."

스트라우스가 투덜거린다. 그는 시가를 한 모금 빨아들이고는 심드렁하게 연기를 뿜어 공중에 고리를 만든다.

"그래, 봤다."

데이비스가 대답한다. 스트라우스와 데이비스는 14년 전부터 아는 사이다. 그때 데이비스가 한 가지 아이디어를 구상해 스트라우스를 찾아왔다. 험한 일을 하는 금광업자들과 광부들로부터 청바지의 주머니가 잘 뜯어진다는 불평을 귀에 못이 박히도록 들은 데이비스는 솔기를 리벳(대가리가 둥근 버섯 모양의 굵은 못)으로 고정하는 방법을 생각해냈다. 그는 네바다 주 레노에서 온 재단사였고 특허 신청 비용을 감당할 수 없을 정도로 가난했다. 그리하여 두 사람은 동업자가 되었다. 스트라우스는 특허 신청 비용 68달러를 지불했고 데이비스를 청바지 회사의 사장으로 앉혔다.

"젠장, '진'은 무슨 얼어 죽을!"

스트라우스가 경멸에 찬 어투로 말한다. '진'은 본래 제노바산 옷감으로 만든 바지를 가리키는 말이다. 반면에 리바이 스트라우스가 유행시킨 청바지는 프랑스산 데님으로 만든다. '데님Denim'이라는 단어는 '세르주 드 님Serge de Nimes'에서 유래했다. 스트라우스는 자신이 만드는 바지를 '오버롤Overalls(상하가 하나로 이어진 작업복을 말함-옮긴이)'이라고 불러야 한다고 주장한다. 그 바지가 몸 전체를 가리는 옷은 아닌데도 말이다. 독일 출신 이민자인 그는 그때까지 돛의 재료로만 쓰인 리넨(아마亞麻의 실로 짠 얇은 직물)으로 서부의 거친 삶에 적합한 바지를 만든다는 아이디어를 내어 부자가 되었다. 리넨이 바닥나자, 스트라우스는 파란색으로 염색한 데님을 쓰기로 마음먹었다.

'리바이스Levi's'는 스트라우스가 생산하는 가장 중요한 상품이다. 그는 품질을 중시한다. 적당한 옷감을 찾는 데 공을 들일 뿐더러, 옷감을 꿰맬 때 쓰는 주황색 실을 고르는 데도 정성을 쏟는다. 덕분에 그는 시장점유율 1위를 차지했다. 그러나 리바이스 한 점의 가격은 1.46달러이고, 경쟁자들은 저가 전략으로 그의 시장점유율을 갉아먹으려 든다. 아시아인 거주구역인 차이나타운의 노동 착취형 공장에서 싸구려 천으로 만든 바지들이 스트라우스를 위협한다. 심지어 특허 기술인 리벳 공법을 베끼는 일도 자꾸 되풀이된다. 벌써 12년 전에 스트라우스가 재판을 통해 자신의 특허권을 지키는 데 성공했는데도 말이다.

"너는 진을 너무 무시하는 것 같아."

데이비스가 스트라우스를 나무라며 덧붙인다.

"아직은 네가 시장점유율 1위이지만, 상황은 금세 달라질 수도 있어. 단순한 청바지들은 겉보기에 별 차이가 없잖아. 소비자들은 품질에 대해서 잘 모르고."

"별 차이가 없다고? 우리 제품에는 리벳이 달려 있고 뒷주머니에 수놓은 무늬까지 있잖아. 리바이스인지 아닌지는 한눈에 알아볼 수 있어."

스트라우스가 반발한다.

"너하고 나는 알아보지만, 어수룩한 광부나 금광업자는 못 알아봐."

데이비스가 받아친다. 그리고 타이르듯 부연해서 설명한다.

"우리 고객은 그런 어수룩한 사람들이잖아. 설마 너, 머지않아 옷감에 대해서 잘 아는 상류층 귀부인들이 청바지를 즐겨 입게 될 거라고 믿는 거니?"

스트라우스는 청바지를 입은 귀부인을 상상하다가 웃음이 터지는 것을 참지 못한다.

"그래, 네 말이 옳다. 그래서 넌, 우리 제품이 특별하다는 것을 알릴 비법이라도 있냐?"

"우리가 제품을 광고할 때 가장 강조하는 게 뭐니? 질긴 천하고 튼튼한 바느질이야!"

데이비스가 이어 말한다.

"어떻게 하면 리바이스의 내구성을 확실히 보여줄 수 있을까? 내가 생각해놓은 게 있으니 들어봐."

데이비스가 바지 주머니에서 쪽지 하나를 꺼낸다.

"여길 봐. 청바지에 작은 가죽 조각을 붙이고, 거기에 상징적인 도안을 그려 넣는 거야. 말뚝에 연결된 청바지를 말이 끌어당기는 도안. 말도 우리 청바지를 찢을 수 없다는 뜻이지."

스트라우스가 쪽지에 그려진 도안을 유심히 보며 말한다.

"그럴듯하네. 그런데 이 그림을 보니까 내 고향 독일의 역사가

리바이스 상표가 될 뻔했던 도안

생각나는군. 너, 오토 폰 게리케Otto von Guericke라는 이름 들어봤니?"

"오토 뭐?"

"오토 폰 게리케. 독일 마그데부르크 시에서 태어난 지식인이지. 200년도 더 전에 그곳에서 공기의 압력이 존재한다는 것을 증명한 인물이야. 이 사람이 반구 두 개를 공 모양으로 맞붙여놓고 그 속의 공기를 빼냈거든. 그런 다음에 말 열여섯 마리를 데려다가 반구 각각에 여덟 마리씩 연결하고 끌어당겨서 반구들을 분리하려 했는데 실패했대. 이 실험을 묘사한 그림들 덕분에 오토 폰 게리케는 세계적으로 유명해졌어. 적어도 유럽에서는 확실히 유명해졌지."

스트라우스는 미국에 온 지 거의 40년이 지난 지금도 자신이 바이에른 출신이라는 것을 자랑스러워한다.

"열여섯 마리는 너무 많지 싶다. 그 정도로 튼튼한 청바지를 요구하는 사람은 없지."

데이비스가 반론을 펼친다.

"내 말은, 말 열여섯 마리를 그리자는 게 아니라, 양쪽에 한 마리씩 두 마리를 그리자는 거야."

스트라우스가 한쪽 눈을 찡긋거리며 말한다. 그러고서 데이비스의 그림을 찾는다.

"네 그림 다시 줘봐. 여기에 말 두 마리가 있으면 훨씬 나을 것 같지 않아? 좌우 대칭도 되고, 무엇보다도 더 강한 힘이 느껴지잖아. 말 두 마리가 리바이스를 찢으려 하지만 헛수고다. 그래, 채찍을 든 카우보이들까지 있으면 금상첨화겠네!"

"그래, 그게 더 낫겠다."

데이비스가 동의하다가 고개를 갸우뚱하며 의문을 제기한다.

"하지만 그렇게 양쪽에서 당겨도 청바지가 안 찢어질까? 말 한 마리가 당겨도 안 찢어진다는 건 내가 장담하겠는데, 두 마리가 당겨도 괜찮을까? 당기는 힘이 두 배인데 청바지가 멀쩡할라나?"

"네가 뭘 모르는구나. 광고의 생명은 진실이 아니라 감동이야. 그리고 힘이 두 배가 되는 건 확실해? 난 잘 모르겠거든. 아무튼, 나는 내가 제안한 그림이 네 그림보다 훨씬 더 감동적이라고 봐."

스트라우스가 대꾸한다. 데이비스는 스트라우스의 말이 채 끝나기도 전에 능숙한 손놀림으로 새 도안을 그린다. 이어서 그가 말한다.

"그래, 이 그림이 더 낫네! 이 그림이 가죽 조각에 새겨졌다고 상상해봐. 청바지의 가치가 한층 높아질 거야. 정말이지 언젠가 상류층 사람들이 데님 바지를 입고 항구의 산책로를 활보하게 된다고

리바이스의 대표적인 상표가 된 도안

제3화 말 두 마리의 힘　61

하더라도 난 놀라지 않을 거야."

스트라우스가 다시 한 번 웃음을 터뜨린다.

"우리 도안이 붙어 있는 바지를 입고 활보하기만 한다면야, 나는 고마울 따름이지."

찢기 실험과 정면충돌

말 두 마리가 양쪽에서 잡아당기면 청바지가 더 쉽게 찢어질까? 이 질문은 아이작 뉴턴Isaac Newton의 세 번째 운동 법칙인 작용과 반작용의 법칙과 관련이 있다. 뉴턴은 1726년에 "힘은 항상 쌍으로 등장한다"라고 말했다. "물체 A가 다른 물체 B에 힘을 가하면(작용), 물체 B는 크기가 똑같고 방향이 반대인 힘을 A에 가한다(반작용)."

이 법칙은 작용하는 힘들이 몇 개 안 되고 마찰이 없는 상황에서 가장 쉽게 확인된다. 가장 좋은 예는 우주 공간에 떠 있는 두 천체, 예컨대 지구와 태양이다. 지구와 태양 사이에는 중력이 작용하는데, 태양이 지구를 끌어당기는 힘은 지구가 태양을 끌어당기는 힘과 크기가 정확히 같다. 물론 태양과 지구를 정지 상태에서 방치하더라도, 두 천체가 서로에게 끌려 정확히 중간 지점에서 만나게 되지는 않는다. 왜냐하면 가속도는 힘을 질량으로 나눈 값과 같으므로 같은 크기의 힘을 받을 경우, 태양이 겪는 가속도가 지구가 겪는 가속도보다 훨씬 더 작기 때문이다. 그러므로 정지 상태의 태양과 지구를 방치하면, 사실상 지구가 태양 쪽으로 끌려가는 현상이 일어난다. 하지만 엄밀히 말하면, 지구와 태양은 태양-지구 시스템의 무게

중심에서 만나게 된다. 뉴턴의 사과가 땅으로 떨어질 때도 마찬가지다. 사과가 지구 쪽으로 끌려갈 뿐 아니라, 지구도 사과 쪽으로 아주 조금이나마 끌려간다.

 작용과 반작용의 법칙은 상호작용하는 두 물체 중 어느 한쪽을 원인 제공자로 지목할 수 없게 만든다. 중력은 그저 두 물체 '사이에서' 작용한다. 큰 물체가 작은 물체를 끌어당기는 것과 마찬가지로, 작은 물체는 큰 물체를 끌어당긴다.

 한쪽 끝이 말뚝에 매인 바지의 다른 쪽 끝을 말이 끌어당기는 경우도 마찬가지다. 이 경우에 시스템 전체에 에너지를 공급하는 장본인은 물론 말이다. 그러나 말이 말뚝을 끌어당기는 힘과 크기가 같은 힘으로 말뚝은 말을 끌어당긴다. 말뚝은 땅에 박혀 있고 말은 발굽과 바닥 사이의 정지마찰력을 통해 바닥과 연결되어 있으므로 바지가 찢어지지 않는다면, 시스템의 어떤 부분도 움직이지 않는다. 바지는 양 방향으로 당겨지는데, 그 당기는 힘들의 총합은 0이다. 그러나 바지에 걸리는 장력(79쪽 참조)은 0이 아니다. 장력의 값은 바지를 당기는 힘을 바지의 단면적으로 나누면 얻을 수 있다.

 이제 말뚝 대신에 말 한 마리를 추가로 투입하여 반대 방향으로 바지를 당기면 어떻게 될까? 원리적으로 아무것도 달라지지 않는다. 추가된 말은 그저 말뚝의 구실을 할 뿐이다. 이 사실을 쉽게 납득할 수 없는 독자도 있을 것이다. 생각해보면, 말뚝은 아무 '활동'도 없이 가만히 있고 말은 적극적으로 힘을 써서 바지를 당기는데 어떻게 말과 말뚝의 구실이 똑같냐는 질문이 나올 만도 하다. 이해를 돕기 위해 말뚝이 있는 상황에서 말이 추가된 상황으로의 이행을 상상해보자. 처음에는 한쪽에 말뚝이 박혀 있고 반대쪽에서 말이 바지를 끌어당긴다. 이때 어떤 (힘 센) 사람이 말뚝에 묶인 밧줄을 풀어서 또 다른 말의 마구에 묶는다. 이 사람이 작업을 능숙하게 해낸다면, 반대쪽의 말은 아무 변화도 알아채지 못할 것이고, 바지 역시 아무 변화를 느끼지 못할 것이다.

이와 아주 유사한 문제로, 자동차와 벽의 정면충돌과 두 자동차의 정면충돌 가운데 어느 쪽이 더 심각한 사고인가 하는 질문이 있다. 다음과 같은 소름끼치는 시나리오를 상상해보자. 어느 운전자가 제동장치가 고장 난 차를 운전하고 있다. 현재 속도는 50km/h이고, 운전자는 벽과 충돌하는 것과 똑같은 속도로 마주 오는 동종의 자동차와 충돌하는 것 중에서 하나를 선택할 수 있다. 어느 쪽을 선택하는 것이 더 현명할까?

마주 오는 자동차에 탄 사람도 충돌의 피해를 입는다는 사실은 일단 제쳐놓기로 하자. 흔히 사람들은 벽과 충돌할 때는 속도가 50km/h에서 충돌이 일어나는 반면에 자동차 두 대가 정면충돌할 때는 상대속도 100km/h에서 충돌이 일어나므로 '두 배의 피해'가 발생한다고 주장한다. 정말 그럴까? 우선 자동차가 벽에 충돌하는 경우를 살펴보자.

자동차는(따라서 운전자는) 얼마나 큰 힘을 받을까? 자동차의 충돌 전 속도는 50km/h, 충돌 후 속도는 0km/h이다. 바꿔 말해서 자동차는 충돌 과정에서 '음의 가속도'를 겪는데, 이때 자동차가 받

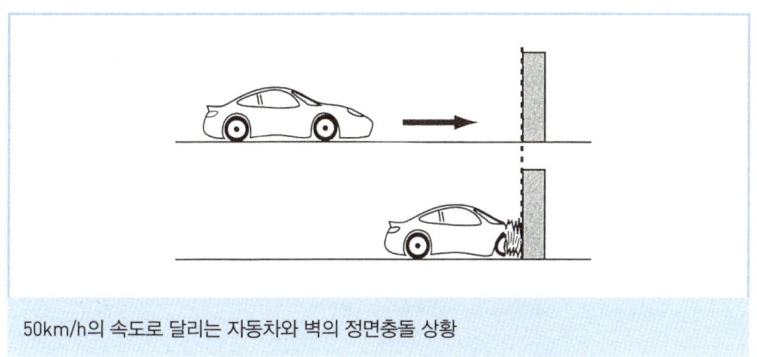

50km/h의 속도로 달리는 자동차와 벽의 정면충돌 상황

는 힘은 '질량 곱하기 가속도'와 같다. 가속도의 크기는 자동차가 어떻게 찌그러지느냐에 따라 대폭 달라진다. 차체가 아주 단단하다면, 자동차는 거의 순간적으로 멈추게 된다. 자동차의 크럼플 존crumple zone(차체에서 쉽게 찌그러지는 부위–옮긴이)이 크다면, 자동차는 비교적 '부드럽게' 멈출 것이다. 그러므로 충돌 후에 자동차가 심하게 찌그러졌다면, 그것은 오히려 좋은 징조이다. 물론 사람이 타는 공간이 대체로 온전할 때만 그렇지만 말이다.

수식들로 정리해보자. 힘은 질량 곱하기 가속도이다.

$F = m \times a$

충돌 과정에서 자동차의 속도가 14m/s(50km/h)에서부터 0m/s까지 선형으로(일차함수에 따라) 감소한다고 전제하면, 자동차가 받는 힘 F에 대해서 아래 등식이 성립한다.

$$|F| = m \times \left|\frac{\Delta v}{\Delta t}\right| = m \times \left|\frac{-14}{\Delta t}\right|$$

요컨대 Δt가 클수록, 즉 자동차가 벽에 닿는 순간부터 자동차가 완전히 멈출 때까지의 시간이 길수록 자동차가 받는 힘이 작아진다. Δt를 최대한 늘리려면, 크럼플 존을 유연하게 만들어서 유사시 거의 완전히 찌그러들게 하여 충돌 에너지를 흡수할 수 있도록 한다. 다른 한편, 사람들이 탄 공간은 원래 형태를 유지할 만큼 튼튼해야만 안전한 자동차라고 할 수 있을 것이다.

자동차와 벽의 충돌에서 작용과 반작용의 법칙은 어떻게 지켜질까? 자동차가 받는 만큼의 힘을 벽도 받는다. 그러나 벽은 바닥에 단단히 고정되어 있기 때문에, 벽이 받는 힘은 사실상 지구 전체로 전달된다. 따라서 그 힘은 지구 전체를 움직이게 만드는데, 그 움직임은 극히 미미해서 무시할 수 있다. 쉽게 말해서 벽은 꼼짝도 하지 않는다.

마주 오던 자동차 두 대가 충돌할 때는 어떨까?

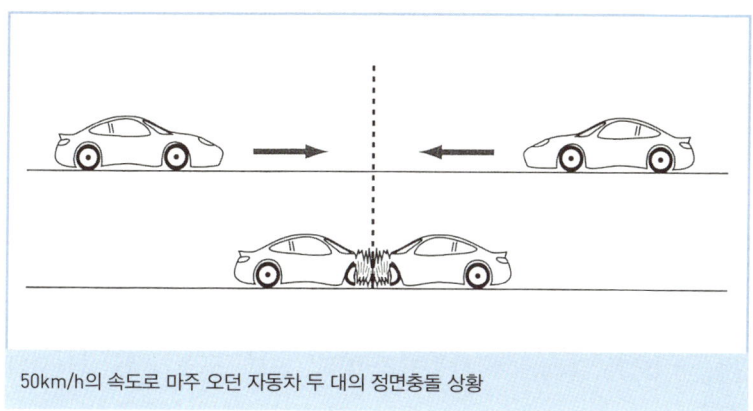
50km/h의 속도로 마주 오던 자동차 두 대의 정면충돌 상황

두 자동차의 속도는 충돌 전에 50km/h(정확히 말하면, 한 대는 +50km/h, 다른 한 대는 −50km/h), 충돌 후에 0km/h이다. 두 자동차의 질량과 속도가 동일하므로, 한쪽이 다른 한쪽을 밀어내는 일 없이, 두 자동차는 정확히 가운데 지점(위 그림에서 점선으로 표시한 지점)에서 멈춘다.

그러므로 왼쪽 자동차의 입장에서 이 충돌은 그 지점에 서 있는 벽과 충돌하는 것과 다를 바 없다. 왼쪽 자동차가 받는 힘은 앞에서와 마찬가지로 질량에다 가속도를 곱하면 구할 수 있고, 이 상황에서 (음의) 가속도는 앞에서와 다르지 않다. 다른 한편, 작용과 반작용의 법칙에 따라서 오른쪽 자동차도 왼쪽 자동차가 받은 만큼의 힘을 받아 같은 정도의 피해를 당할 것이다.

이번에는 에너지에 초점을 맞춰 분석해보자. 첫 번째 충돌에서는 자동차 한 대의 운동 에너지가 오롯이 '내부 에너지'로, 즉 차체의 변형에 필요한 에너지와 일정량의 열로 변환된다. 반면에 두 번째 충돌에서는 처음에 자동차 두 대가 운동하므로 첫 번째 충돌에서보다 두 배 많은 운동 에너지가 존재하고, 따라서 두 배의 운동 에너지가 내부 에너지로 변환된다. 그러므로 차체의 변형과 피해가 두 배로 발생하는데, 그것들이 자동차 두 대에 분배되기 때문에, 왼쪽 자동차의 변형과 피해는 첫 번째 충돌에서와 다르지 않다.

　이 모든 결과는 두 자동차의 질량, 속도, 구조가 동일할 때만 타당하다. 이 매개변수들이 달라지면, 예컨대 왼쪽 자동차보다 오른쪽 자동차가 더 빠르고 무겁고 튼튼하면, 결과는 달라진다. 육중한 벽이 50km/h의 속도로 마주 달려온다고 상상해보라! 그런 벽과 충돌하면 훨씬 더 심한 피해를 입을 것이 뻔하다.

　다시 리바이 스트라우스의 제안으로 돌아가자. 말 두 마리가 바지를 잡아당기게 만들면, 더 멋진 장면이 연출되면서도 바지가 손상될 위험은 증가하지 않는다. 오토 폰 게리케가 말 열여섯 마리를 동원하여 수행한 실험도 말 여덟 마리와 벽을 이용하는 실험으로 대체할 수 있다. 말 열여섯 마리를 이용하면 보기에는 더 대단하겠지만, 실제로 반구들에 가해지는 힘은 말 여덟 마리와 벽을 이용할 때와 똑같다.

클로즈업 물리학 Q

크기가 똑같고 채워진 모래의 양도 똑같은 모래시계 두 개가 양팔저울의 양쪽 접시 각각에 놓여 있다. 모래시계 하나를 뒤집어 놓아서 모래가 흘러내리게 만들면, 양팔저울이 기울까?

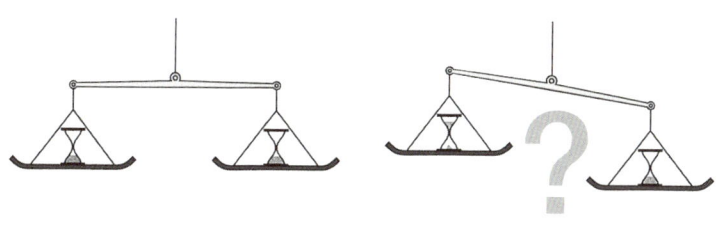

제4화 소시지의 물리학

비엔나소시지의 옆구리는 왜 항상 세로로 터질까?

'볼프강의 소시지 포장마차'가 한가로운 금요일 저녁을 보내는 중이다. 장소는 평소와 다름없이 함부르크 번화가의 어느 길모퉁이지만, 저녁 아홉 시인 지금은 거리가 아직 한산하다. 자정이 다가오고 사람들이 클럽과 술집으로 향하기 시작하면 상황이 달라질 것이다. 행인들은 볼프강이 준비한 다양한 소시지를 사먹을 것이다.

    볼프강이 상당한 교육을 받은 소시지 장수라는 사실은 포장마차 간판에서부터 드러난다. 맞춤법 오류가 전혀 없다. 실제로 볼프강은 한때 대학에서 물리학을 전공했지만 1980년대 후반의 혼란 속에서 어쩌다 보니 졸업시험에 낙방했다. 당시에 볼프강은 온갖 일로 바빴다. 특히 그는 하펜슈트라세Hafenstrasse 주택 점거 투쟁에 열중했다. 어느 정도 승리한 그 투쟁은 역사가 되었지만, 볼프강은 결국 졸업을 포기했다. 그리고 우연한 기회에 소시지 장사를 시작했다.

볼프강은 물리학 지식을 생업인 요식업에 써먹는 시도를 몇 번 했다. 예컨대 소시지 끝에 전선을 꽂고 220V짜리 전류를 흘려보낸 적도 있다. 그러자 소시지의 속은 알맞게 뜨거워지면서도 겉은 손님이 손에 쥐기에 적당하게 데워졌다. 그러나 이 기술은 일부 손님들의 반감을 일으켰다. 그들은 전기의자를 연상하면서 방금 전류가 흐른 소시지를 먹지 않으려 했다. 그때 이후 볼프강의 소시지 포장마차는 다른 포장마차들과 다를 바 없어졌다. 물론 맞춤법이 완벽한 간판은 특별하지만 말이다.

벌써 손님 한 명이 포장마차로 다가온다. 두 사람의 대화는 정말 간단하다.

"안녕."

"안녕."

"평소대로?"

"당연하지."

볼프강은 옌스와 많은 말을 나눌 필요가 없다. 옌스는 15년 단골이고 5년 전부터 카레소시지 대신에 비엔나소시지를 먹기 시작했다. 그것이 두 사람 사이에서 일어난 단 하나뿐인 중대 변화이다. 그밖에도 옌스는 그간 몇 가지 점에서 달라졌다. *그*는 광고회사에서 '크리에이티브 디렉터'(라나 뭐라나)로 승진했고 대학생 시절에 임대했던 집은 이제 그의 소유가 되었다. 하지만 지금도 여전히 일주일에 한 번 이상 볼프강의 소시지를 사먹는다.

옌스에게 비엔나소시지를 권한 사람은 볼프강이었다. 어느 날 볼프강이 물었다.

"자네는 늘 소시지에 이 빨간 소스를 바르더군. 꼭 그래야 하나? 그런다고 맛이 더 좋아지는 건 아냐. 소시지는 원시적이어서 맛이 다 똑같다고들 하지만, 천만의 말씀이야. 소시지마다 맛이 엄청 다르거든. 소시지의 맛을 제대로 느끼려면 순수한 소시지에다가 겨자만 조금 발라서 먹어야 해."

그때부터 옌스는 빈에서는 프랑크푸르트소시지라고 불리지만 다른 모든 곳에서는 비엔나소시지라고 불리는, 끓는 물에 데운 소시지를 먹기 시작했다.

볼프강이 말없이 '아스트라' 맥주병을 건네고, 옌스가 받아서 한 모금 마신 후에 통통한 소시지를 탐스럽게 한입 베어 문다.

"으흠!"

소시지가 목구멍으로 넘어가기도 전에 그 환상적인 맛에 탄성을 낼 수밖에 없다. 옌스는 한동안 말없이 씹고 삼키면서 주위를 둘러본다. 포장마차가 길모퉁이에 있어서 근처의 카페들이 잘 보인다. 그러나 볼거리가 별로 없다. 소시지를 다 먹고 나서 포장마차 주인에게 묻는다.

"볼프강, 자네 소시지는 왜 이렇게 맛있는 거야? 비법이 뭐야? 솔직히 내가 집에서 이 맛을 흉내 내려고 여러 번 시도해봤거든. 그런데 안 되더라고."

"어떻게 시도했는데?"

볼프강이 묻는다.

"뭐, 품질 좋기로 유명한 정육점에서 소시지를 사다가 집에서 냄비에 물하고 같이 넣고 끓였지."

옌스의 대답에 볼프강이 웃는다.

"벌써 몇 가지가 틀렸어. 일단 소시지의 품질을 중시한 것은 좋아. 소시지가 겉보기에는 다 똑같아도 내용물은 천차만별이거든. 예를 들어 진짜 비엔나소시지에는 돼지고기하고 쇠고기가 들어 있는데, 그런 진짜배기는 좋은 정육점에 가야 살 수 있어. 그렇지만 아무리 좋은 소시지라도 자네처럼 요리하면 맛없게 되기 십상이지."

"그래? 소시지를 물에 넣고 끓이는 데도 옳은 방법이 있고 그른 방법이 있는 거야?"

열정이 넘치는 총각인 옌스는 비엔나소시지 데우기가 그냥 물 끓이기처럼 쉬운 줄로만 알았다.

"소시지를 맹물에 넣고 끓인 게 틀렸어. 내가 쓰는 물을 좀 봐. 뭐, 느껴지는 거 없니?"

볼프강이 묻는다.

"어휴, 엄청 탁하네. 새 물로 갈아야겠다."

옌스가 대답한다.

"바로 그게 완전히 틀린 생각이야."

볼프강이 의기양양하게 타이른다.

"물이 이렇게 탁해야 소시지의 맛이 빠져나가지 않아. 물론 위생에 신경을 써야 한다는 건 두말하면 잔소리고. 집에서 소시지를

물속에 넣을 때 소금하고 기름하고 갖은 양념을 함께 넣어봐. 소시지 껍질은 완벽한 차단벽이 아니라 투과성 막이야. 맛을 내는 분자들이 소시지 껍질 안팎으로 드나든단 말이지. 혹시 '삼투'라는 말 들어봤어?"

한때 볼프강이 꿈꿨던 물리학자의 면모가 새삼 번득인다. 광고업계에 종사하는 친구가 어리벙벙한 표정을 짓자 볼프강이 말을 잇는다.

"삼투가 뭐냐면, 예를 들어 소금의 농도를 생각해봐. 막 안의 소금 농도와 막 바깥의 소금 농도가 다르면 분자들이 막을 통해 이동해서 양쪽의 농도를 똑같게 맞추려 하거든. 이 현상을 삼투라고 부르지. 나는 오늘 온종일 이 국물에 소시지를 데웠어. 그러니 이 국물에는 소시지에 들어 있는 분자들이 듬뿍 우러나 있지. 따라서 이 국물에 새 소시지를 넣으면 삼투가 일어나지 않아. 소시지의 맛이 바깥으로 우러나지 않고 소시지 안에 머문다는 말이야. 그러니 소시지의 맛이 좋을 수밖에."

"음…… 그럼, 소시지 하나를 맛있게 먹으려면 한 열 개쯤 끓여야겠네?"

옌스가 묻는다.

"아냐. 묘수가 있지. 빈대학교에서 일하는 막스 그루버라고 있어. 내 동료……까지는 아니고 물리학 교수인데 솜씨 좋은 요리사이기도 하지. 이 사람이 '희생 소시지'라는 말을 만들었어. 내가 말하려는 묘수가 그 '희생 소시지'를 이용하는 방법인데, 간단히 설명하면, 소시지 한 토막을 잘게 썰어서 물속에 넣고 충분히 끓인 다음에 자네가 먹을 소시지를 그 물에 넣고 데우는 거야. 그러면 소시지 맛이 빠져나가지 않지."

볼프강이 친절하게 설명해준다.

"희생 소시지는 나중에 그냥 버려?"

옌스가 의아하다는 듯이 묻는다.

"물론이야. 질을 높이려면 대가를 치러야 하는 법이니까. 하지만 완전히 맛이 빠진 희생 소시지 찌꺼기를 개나 고양이에게 먹이로 줄 수는 있겠지."

볼프강은 마지막까지 친절히 답한다. 이슬비가 오기 시작한다. 옌스가 포장마차에 더 바투 접근하여 처마 아래에서 비를 피한다. 손에 든 맥주병에서 한 모금의 맥주를 더 마신 뒤에 또 다른 질문을 던진다.

"좋아, 맛에 대해서는 충분히 알았어. 하지만 궁금한 게 하나 더 있어."

"너 혹시 내 비법을 죄다 알아낸 다음에 발길을 끊으려는 속셈이야?"

볼프강이 미심쩍은 표정으로 묻는다.

"말도 안 되는 소리. 나는 여기에 순전히 먹기 위해서 오는 게 아냐."

옌스가 말한다. 순간, 두 남자 사이에서 거의 연인 사이를 연상시키는 분위기가 흐른다. 그러나 곧바로 객관적인 태도를 되찾은 광고회사 직원이 말한다.

"문제가 뭐냐면, 내가 비엔나소시지를 끓이면 반 이상이 옆구리가 터진다는 거야."

"나는 네가 끓인다는 말을 할 때부터 그럴 줄 알았다. 너는 센 불로 가열해서 물이 부글부글 끓게 만들지?"

"당연하지. 소시지를 따끈따끈하게 데워야 하니까."

"물이 뜨거워야 하는 건 맞는데, 끓으면 안 돼."

볼프강이 자상한 어투로 설명을 계속한다.

"이건 정말 기초적인 물리학이야. 온도가 100°C가 되면 냄비

속의 물만 끓는 게 아니라 소시지 속에 들어 있는 물도 끓게 돼. 그리고 물이 끓어서 수증기로 바뀌면 부피가 엄청나게 늘어나기 때문에 소시지에 내부압력이 형성되지. 소시지 껍질은 결국 그 내부압력을 못 견디게 되고, 그러면 소시지 옆구리가 터지는 거야. 소시지를 데울 때 이상적인 온도는 90℃야. 가장 좋은 방법은 물이 끓을 때 불을 끄고 조금 있다가 소시지를 넣는 거야."

"음, 아주 논리 정연한 설명이네. 이런 이치를 이해하려면 물리학을 한 5년쯤 공부해야겠는걸."

옌스가 진심으로 감탄한 표정을 지으며 말한다.

"에이, 무슨 5년씩이나."

볼프강이 웃는다.

"이건 그냥 상식에 지나지 않아. 하지만 정말로 물리학을 어느 정도 알아야 대답할 수 있는 질문도 있지. 네가 끓인 소시지들이 어떻게 터지든?"

"어떻게 라니, 뭘 묻는 거야? 혹시 소시지들이 폭발했냐고? 아니, 그냥 찢어지기만 했어."

옌스는 볼프강의 의도를 전혀 짐작하지 못한다.

"아니, 내 말은 어느 방향으로 찢어지더냐고. 가로로 찢어졌어, 아니면 세로로 찢어졌어?"

볼프강이 천천히 질문의 요지를 짚어준다.

"물론 세로지. 당연한 거 아냐? 가로로 균열이 생겨서 두 동강이 날 것 같은 소시지는 한 번도 못 봤어. 물론 사람이 소시지를 양손으로 잡고 꺾으면 그런 가로 균열이 생기겠지만 말이야."

옌스가 명랑하게 말한다.

"맞아. 정답이야."

볼프강이 고개를 끄덕인다.

"온도가 너무 높으면 소시지가 세로로 터져. 가로로는 안 터지지. 따지고 보면 참 신기한 현상이거든. 왜냐하면 소시지 내부의 압력은 위치나 방향에 상관없이 균일하니까. 그러나 장력이라는 또 다른 물리학 개념이 있지. 장력이란……."

마지막 말을 하는 동안 볼프강은 옌스가 한눈을 파는 것을 눈치챘다. 옌스는 거듭 고개를 돌리기까지 했다. 무언가 볼거리가 있는 모양이다.

"볼프강! 장력 이야기는 나중에 들어도 되지? 나 지금 급한 볼일이 있어서……."

옌스가 말한다.

"응, 그래. 4유로 50센트야."

맥 빠진 목소리로 볼프강이 말한다. 옌스가 5유로 지폐를 내려놓는다.

"거스름돈은 필요 없어. 또 올게. 벌써부터 자네의 설명이 기대되는군."

이 말을 남기고 옌스는 밤의 어둠 속으로 사라진다.

긴장을 자아내는 장력 이야기

옌스는 급히 떠났지만, 독자 여러분은 '왜 소시지는 세로로 터지는가?'라는 질문을 몇 분 더 탐구할 여유가 있으리라 믿는다(여기서의 '세로'는 비엔나소시지의 긴 부분을 가리킨다—옮긴이).

우선 짚어둘 사실은, 소시지 내부압력이 실제로 균일하다는 것이다. 소시지가 가열되면 내부압력이 상승하는데, 특히 소시지 내부의 액체 성분이 기체로 바뀌면 내부압력이 큰 폭으로 상승한다. 기체로 바뀐 성분들은 발산하려 하고, 소시지 껍질은 그 발산을 막는다.

그러나 껍질이 이겨내야 하는 힘은 위치에 따라 다르다. 이 사실을 이해하려면 장력이라는 물리학 개념을 알아야 한다. 장력의 단위는 압력과 마찬가지로 '힘 나누기 면적'이다. 그러나 압력이 소시지 껍질의 표면에 걸리는 것과 달리, 장력은 소시지 껍질의 단면에 걸린다. 예를 들어 동일한 압력이 가해지면, 얇은 껍질이 두꺼운 껍질보다 더 먼저 찢어진다. 왜냐하면 얇은 껍질은 단면이 얇아서 더 큰 장력을 받기 때문이다.

소시지가 공 모양이라면, 껍질의 단면이 받는 장력은 위치에 상관없이 동일할 것이다. 공의 표면을 이루는 모든 점은 동등하므로 그럴 수밖에 없다. 소시지에서의 장력을 계산하기 위해 우선 소시지의 모양을 단순화하자. 소시지가 전체적으로 곧은 원통 모양이고 양 끝은 반구처럼 생겼다고 치자. 더 나아가 양 끝은 무시하자. 우리가 주목하는 것은 원통 부분에서의 장력뿐이다. 요컨대 우리가 다룰 소시지의 모양은 다음 그림과 같다.

소시지의 길이는 l, 지름은 d, 껍질의 두께는 h이다. 소시지의 내부가 보인다고 해서 깜짝 놀랄 필요는 없다. 위 그림은 설명의 도구일 뿐이다. 당연한 말이지만, 실제 소시지는 껍질로 둘러싸여 있어서 내부가 보이지 않는다.

이제 소시지를 가열하면, 내부압력 p가 상승한다. 다시 말해, 단위면적당 크기가 동일한 힘이 모든 방향으로 작용하게 된다. 우선, 소시지에 세로로 걸리는 장력, 쉽게 말해서 소시지를 잡아 늘이는 장력을 따져보자. 그러려면 임의의 위치에서 소시지를 가로로 자른 단면을 살펴보아야 한다.

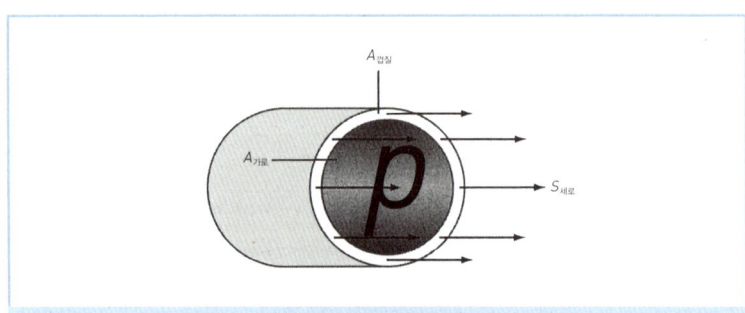

소시지를 가로로 자른 단면(p : 내부압력, $A_{가로}$: 가로로 자른 소시지의 단면적, $A_{껍질}$: 가로로 자른 껍질의 단면적, $S_{세로}$: 세로 방향으로 껍질이 받는 장력)

세로 방향으로 작용하는 힘은 내부압력(p) 곱하기 단면적($A_{가로}$)과 같다.

$$F_{세로} = p \times A_{가로}$$

단면적은 원의 면적 공식을 써서 아래와 같이 계산할 수 있다.

$$A_{가로} = \pi \times \left(\frac{d}{2}\right)^2$$

힘 $F_{세로}$는 소시지 껍질을 양쪽에서 잡아당긴다. 그 부분의 면적($A_{껍질}$)은 정확히 계산할 수도 있지만, 껍질의 두께가 소시지의 지름보다 훨씬 작으므로, 간단히 소시지의 둘레에다가 껍질의 두께를 곱해서 근사적으로 구할 수 있다(이중 물결 기호는 '대략 같다'를 뜻한다. 물리학자들은 정확한 계산의 부담을 덜고자 할 때 이 부호를 자주 써먹는다).

$$A_{껍질} \approx \pi \times d \times h$$

껍질이 받는 장력($S_{세로}$)은 소시지에 세로로 걸리는 힘($F_{세로}$)을 껍질의 단면적으로 나눈 값과 같다.

$$S_{세로} = \frac{F_{세로}}{A_{껍질}} = \frac{p \times \pi \times \frac{d^2}{4}}{\pi \times d \times h} = \frac{p \times d}{4 \times h}$$

한편, 껍질을 가로 방향으로 잡아당기는 힘은 얼마나 클까? 이 질문에 답하려면, 소시지를 세로로 자른 단면을 살펴보아야 한다.

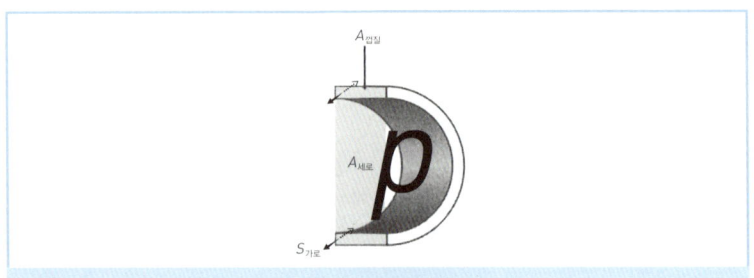

소시지를 세로로 자른 단면(p : 내부압력, $A_{세로}$: 세로로 자른 소시지의 단면적, $A_{껍질}$: 세로로 자른 껍질의 단면적, $S_{가로}$: 가로 방향으로 껍질이 받는 장력)

이번에도 단면에 걸리는 힘을 계산해야 하는데, 이번 힘은 가로로 걸리는 힘이므로 $F_{가로}$로 표기하고, 단면적은 세로로 자른 소시지의 단면적이므로 $A_{세로}$로 표기하자.

$$F_{가로} = p \times A_{세로}$$

단면적들(소시지의 단면적 $A_{세로}$, 소시지 껍질의 단면적 $A_{껍질}$)은 아까보다 더 쉽게 계산할 수 있다. 소시지의 길이는 l이다.

$$A_{세로} = d \times l$$
$$A_{껍질} = 2 \times h \times l$$

힘 $F_{가로}$가 껍질의 단면적에 걸리므로, 껍질이 받는 장력($S_{가로}$)은 아래와 같다.

$$S_{가로} = \frac{F_{가로}}{A_{껍질}} = \frac{p \times d \times l}{2 \times h \times l} = \frac{p \times d}{2 \times h}$$

$S_{세로}$와 $S_{가로}$를 살펴보면 다음을 알 수 있다.

- 소시지의 길이는 장력에 영향을 미치지 않는다.
- 내부압력과 소시지의 지름이 클수록, 장력이 커진다.
- 가로 방향의 장력이 세로 방향의 장력보다 두 배 크다. 즉, 아래 등식이 성립한다.

$$S_{가로} = 2 \times S_{세로}$$

요컨대 내부압력 때문에 소시지 껍질은 세로 방향보다 가로 방향으로 두 배 강하게 잡아당겨진다. 따라서 소시지에는 세로 균열이 생길 가능성이 더 높다.

힘센 남자가 2kg의 전화번호부를 끈 두 가닥에 매달아 들고 있다. 끈은 수직으로 늘어져 있다. 이때 남자의 손 각각은 10N의 힘을 발휘해야 한다. 이제 남자가 양손의 간격을 벌려서 끈이 수평이 되도록 만든다고 해보자. 이 상태를 유지하려면 남자의 손 각각은 얼마나 큰 힘을 발휘해야 할까?

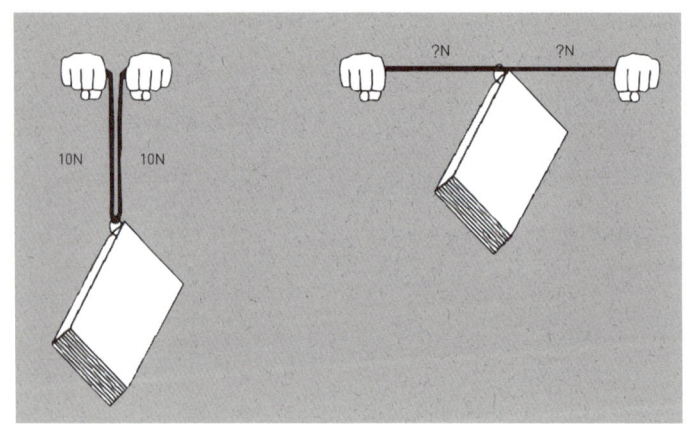

크기의 중요성

위르겐 포메렝케가 베를린 운터 덴 린덴 대로에 위치한 카페 '아인슈타인'에 들어서자마자 마르쿠스 부흐슈타인이 멀리에서 손을 흔든다. 늘 그렇듯이 검은색 롤 넥 셔츠에 검은색 줄무늬 재킷을 입은 부흐슈타인은 잘나가는 프로듀서이고 포메렝케는 그가 가장 좋아하는 대본작가이다. 두 사람은 포메렝케의 새 작품에 대해 이야기하기 위해 만나기로 약속했다. 부흐슈타인 곁에 삼십 대 중반의 여윈 사내가 앉아 있다. 안경을 썼는데, 포메렝케가 처음 보는 사람이다.

"위르겐, 여기야!"

부흐슈타인이 쩌렁쩌렁 울리는 바리톤 음성으로 새로 온 친구를 부른다.

"슈테판 후트마흐어를 소개할게. 정확히 말하면, 슈테판 후트마흐어 박사."

"반가워요. 난 포메렝케라고 해요."

포메렝케가 생각지도 않았던 낯선 사내에게 말한다. 본래 그는 자신의 대본을 부흐슈타인과 둘이서만 검토해왔다. 두 사람은 호흡이 잘 맞는 팀이고, 이제껏 심각한 문제가 발생한 적은 없었다.

"후트마흐어 박사님은…… 그냥 슈테판이라고 불러도 될까요? 예, 그럽시다. 슈테판은 물리학자야. 자네 원고를 한번 검토해달라고 내가 모셨지."

부흐슈타인이 말한다.

"음, 그렇군."

포메렝케가 심드렁하게 대꾸한다.

"알다시피 자네는 지금까지 주로 추리극을 써왔는데, 이번에 처음으로 과학극에 발을 들여놓는 거잖아. 그래서 전문가의 조언을 받을 필요가 있다고 판단했어."

포메렝케가 카푸치노를 주문한다. 기분이 영 못마땅하다. 그는 부흐슈타인의 의뢰로 단순한 영화 대본을 쓰는 중이다. 이런 일에 무슨 전문가가 필요한가? 이제껏 추리극들을 써왔지만, 탄환의 궤적이 물리 법칙을 정확히 따르는지 여부를 따져 묻는 시청자는 아무도 없었다.

"뭘 그리 시무룩해? 아, 표정 풀어!"

부흐슈타인이 유쾌하고 요란하게 말하며 포메렝케의 등을 두드린다.

"내가 스탠리 큐브릭Stanley Kubrick을 대단히 존경하는 거, 자네도 알지?"

아하, 그래서였구나! 포메렝케는 이제야 납득이 된다. 부흐슈타인은 큐브릭의 팬이다. 큐브릭의 〈2001 스페이스 오디세이〉는 그가 가장 좋아하는 영화이다. 그리고 큐브릭은 이야기를 짤 때 지나칠 정도로 과학적 사실을 중시하기로 유명하다. 예컨대 우주에서 폭발이 일어나면 폭발음이 나지 않는다. 왜냐하면 공기가 없는 공간에서는 음파가 퍼져나갈 수 없기 때문이다.

"물론 알지. 하지만 자네도 알다시피 우리가 무슨 예술영화를 만드는 게 아니잖아. 그냥 웃기는 코미디를 만드는 중이야. 그러니 스탠리 큐브릭보다는 불리 헤르비히Bully Herbig(독일 코미디언-옮긴이)를 모범으로 삼아야지."

포메렝케가 아직도 약간 언짢은 투로 말한다.

"그야 그렇지만……, 과학자의 조언을 받아서 나쁠 건 없잖아. 조언이 우리 마음에 안 들면, 얼마든지 무시할 수 있어."

부흐슈타인이 받아친다. 종업원이 커피를 가져오고, 다들 한 모금씩 마시고, 부흐슈타인이 무언가 요구하는 눈치로 포메렝케를 응시한다.

"내가 먼저 설명하라고? 그래, 알았어."

포메렝케가 운을 뗀다.

"이번 작품은 몇십 년 전에 유행한 괴수영화의 패러디라고 할 수 있어요. 〈고질라〉나 〈킹콩〉 같은 영화 아시죠? 그런데 우리 작품에는 에로틱한 요소도 가미할 겁니다. 1950년대에 〈20미터 우먼〉이라는 영화가 있었어요. 원제는 '50피트 우먼'인데, 이 영화의 뼈대를 가져다가 쓸 생각이에요."

포메렝케가 부흐슈타인을 흘끗 쳐다보고서 말을 잇는다.

"저작권 문제는 푼돈으로 해결할 수 있으니까 걱정할 필요 없을 겁니다."

포메렝케가 가방에서 컴퓨터로 인쇄한 옛날 영화 포스터를 꺼낸다. 짧은 치마를 입은 거대한 여자가 고속도로에서 자동차들을 장난감처럼 집어드는 장면이다.

"그러니까 여자 거인이 나오는 영화야?"

프로듀서가 묻는다.

"응, 내가 염두에 둔 배우는 앙케 엥겔케Anke Engelke야. 여주인공이 결혼했는데 불행해. 남편이 바람을 피우지. 그런데 어느 날 유에프오가 내려와. 원작에서는 애리조나 사막 어딘가에 착륙하는데, 난 메클렌부르크포어포메른 주에 착륙하는 걸로 바꿀 생각이야."

포메렝케의 설명에 나머지 두 사람이 황당하다는 표정으로 시선을 교환하지만, 포메렝케는 신이 났다.

"아무튼 여주인공이 유에프오에 바투 접근하니까, 외계인이 나와서 그 여자의 몸에 손을 대지. 여자는 집에 돌아와서 남편에게 자기가 겪은 일을 이야기해. 내 생각에 남편은 마리오 바르트Mario Barth가 맡으면 제격인데, 아무튼 남편은 아내가 완전히 미쳤다고 여기지. 그러면서 쾌재를 불러. 드디어 이혼을 하고 애인과 새살림을 차릴 수 있게 되었으니까. 남편은 충분하고도 남을 만큼 진정제 주사를 준비해서 아내에게 놓아주려고 하지. 그런데 주사기를 들고 가보니까, 아내가 10배로 커진 거야!"

"그다음에는 여자 거인이 마구 날뛰면서 죄다 부숴버리겠지?"

부흐슈타인이 머릿속으로는 벌써 디지털 특수효과 비용을 계산하면서 맞장구를 쳐준다.

"바로 그거야. 베를린 한복판에서! 상상해봐, 여자 거인이 연방의사당의 유리 돔을 산산조각 내는 거야. 끝내주지?"

포메렝케가 열을 올린다.

"응, 그래, 그래. 하지만 자네가 개작을 하면, 뭔가 색다른 점이 있어야 할 거 아냐? 자네가 자트 아인스Sat.1(독일의 케이블 텔레비전 방송사─옮긴이) 사장이라고 생각해봐. 〈20미터 우먼〉을 방영할 생각이 있으면, 아주 싼 값에 원작을 사오면 되는데 뭐하려고 베를린을 쑥대밭으로 만들겠냐고."

프로듀서가 궁금해서 묻는다.

"이 사람아, 우리 영화는 패러디야. 판에 박힌 영화들을 비웃는 작품이라고."

포메렝케가 이어 설명한다.

"영화 팬이면 금세 알아차릴 유명 대사들을 듬뿍 집어넣을 거야. 마릴린 먼로Marilyn Monroe가 지하철역 환풍기 위에서 들춰진 치마를 눌러내리는 장면 알지? 키가 이십 미터인 여자가 베를린 중앙역에서 그렇게 한다고 상상해봐."

"앙케가 여주인공을 맡아줄까?"

부흐슈타인이 회의를 표한다.

"맡다마다. 마지막엔 여자가 킹콩처럼 알렉산더플라츠에 있는 텔레비전 타워를 기어 올라가는 거야. 그러면 시청자들은 배꼽을 잡고 뒹구는 거지."

포메렝케는 자신감을 표한다.

"그때 여자의 팔에는 누가 안겨 있지? 킹콩은 백인 여자를 안고 있었잖아. 거인 여자는 누굴 안아야 할까?"

프로듀서는 양미간을 좁히며 묻는다.

"틸 슈바이거Til Schweiger(독일 배우 겸 영화감독-옮긴이)가 딱이라고 봐. 틸 슈바이거의 역할은 과학자야. 해독약을 발견하지. 여주인공은 그 약을 먹고 다시 정상 크기로 돌아와. 결론은 해피엔딩, 우레와 같은 박수소리."

포메렝케가 히죽 웃는다. 하지만 부흐슈타인은 말이 없다. 보아하니 앙케 엥겔케와 틸 슈바이거가 등장하는 마지막 장면을 상상하면서 과연 그들이 잘 어울리는 한 쌍인지 고민하는 모양이다.

"과학자 얘기가 나와서 말인데……."

부흐슈타인이 입을 연다.

"슈테판, 자네도 말 좀 해보게. 과학자가 보기에는 이 이야기가 어떤가? 외계인은 없다는 말은 할 필요 없어. 그 정도 허구는 눈감아줘야 영화를 만들 수 있으니까."

부흐슈타인이 슈테판 후트마흐어 박사에게 의견을 구하자, 그

제야 물리학자가 약간 수줍은 듯이 미소를 지으며 조심스럽게 말문을 뗀다.

"플롯 전체에 대해서는 별로 할 말이 없네. 난 그 분야의 전문가가 아니지 않은가. 또 어떻게 여주인공이 순식간에 커질 수 있는지에 대해서 설명할 말도 없고. 설마 자네가 나한테서 그 설명을 기대하는 건 아닐 거라고 봐. 하지만 자네들의 시나리오와 관련해서 물리학자로서 몇 가지 지적할 것이 있네."

"그래, 그래, 어서 지적해줘."

부흐슈타인이 물리학자를 부추긴다.

"요새 사람들은 컴퓨터 애니메이션과 게임을 즐기다 보니 온갖 괴물에 익숙해져 있어. 그래서 물리학적으로 틀린 장면이 나오면, 50년 전 사람들보다 더 비판적으로 반응하지."

후트마흐어가 말을 잇는다.

"엥겔케 씨가 진짜 베를린 시내를 때려 부수는 게 아니라 축소 모형을 때려 부순다는 것을 누구나 금세 알아챌 거야."

"어째서? 축소 모형을 감쪽같이 만들면 되잖아."

부흐슈타인이 반발한다.

"아니, 그렇지 않아."

물리학자가 짧게 받아치고, 이어 말한다.

"물리적 과정을 그렇게 단순하게 축소하거나 확대할 수는 없어. 코끼리하고 쥐는 크기만 다른 게 아니라 모양도 달라. 왜냐하면 큰 물체가 갖출 조건과 작은 물체가 갖출 조건이 다르기 때문이야."

"그게 우리 영화랑 무슨 상관인데?"

부흐슈타인이 눈을 껌벅이며 묻는다.

"비율을 잘 따져야 한다는 얘기야. 여주인공의 크기가 보통 여자의 10배라면, 몸무게는 몇 배일까?"

후트마흐어가 말한다.

"10배?"

포메렝케가 추측해본다.

"아니야. 여주인공은 위로만 10배 큰 게 아니라 옆으로도 10배 크고 앞뒤로도 10배 커. 그러니까 여주인공의 부피는 보통 여자의 1000배이고 따라서 무게도 1000배야!"

후트마흐어가 수학적 논리를 내세운다.

"아! 그 생각은 못했어. 하지만 그게 앙케 엥겔케랑 무슨 상관이야?"

포메렝케가 자신의 단순한 사고를 인정한다. 그러나 여전히 뭐가 문제인지 알 수 없어 되묻는다.

"1000배의 몸무게를 두 다리로 지탱해야 해."

물리학자가 헛기침을 한 후, 본격적으로 설명하기 시작한다.

"다리가 무게를 떠받치는 능력은 무엇에 의해 결정될까? 부피나 길이가 아니라 단면적에 의해 결정돼. 그런데 단면적은 2차원이야. 그래서 물체의 크기를 10배 확대하면 단면적은 100배 확대되지. 그러니까 여자의 크기가 10배 확대되면, 다리의 단면적은 100배가 되지. 이 다리로 갑자기 원래보다 1000배 큰 무게를 떠받친다면, 평소에 지탱하는 것보다 10배 큰 무게를 떠받치는 꼴이 돼. 따라서 마치 성냥개비처럼 다리가 부러져버리고 말 거야."

"정말 10배나 많이 지탱해야 해?"

부흐슈타인이 못 믿겠다는 듯이 묻는다.

"꼼꼼히 계산해보자."

후트마흐어가 제안하며 서류가방에서 노트를 꺼내 능숙한 솜씨로 영화 포스터에 나오는 여자를 그린다.

"평범한 여자는 이런 모양이야. 거의 모든 몸무게가 두 다리에 걸리지. 정확히 말해서 두 대퇴골에 걸려. 대퇴골을 둘러싼 근육들은 몸무게를 떠받치는 구실을 하지 않으니까. 대퇴골은 얼마나 굵을까? 가장 가는 부위가 지름 4cm라고 해보자. 그러면 단면적이……대략 각각 13cm²이고, 양쪽을 합하면 26cm²야."

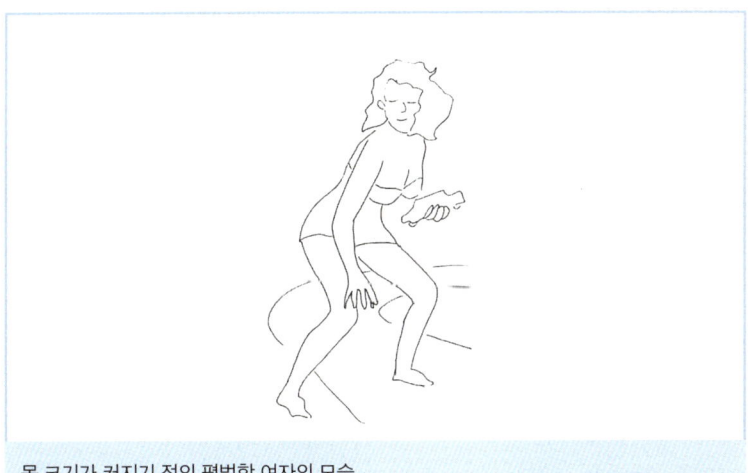

몸 크기가 커지기 전의 평범한 여자의 모습

물리학자가 그림을 그리면서 설명한다. 방송계에 종사하는 두 사람이 서로를 바라본다. 그들은 과학자의 계산 솜씨뿐 아니라 여체를 그리는 능숙한 손놀림에도 감탄한다.

"이 그림을 10배로 확대해보자. 그러면 여자의 몸무게는 1000배로 늘어나겠지."

후트마흐어가 물 만난 고기마냥 거침없이 말을 잇는다.

"또 계산을 단순하게 하기 위해 대퇴골의 밀도는 변함이 없다고 가정하자. 그러면 1000배로 늘어난 몸무게를 떠받치려면, 대퇴골 각각의 단면적이 13000cm²여야 해. 이 면적은, 어디 보자…… 지름이 거의 1.3m짜리인 원의 면적과 맞먹는군 그래. 뼈의 굵기만 1.3m라는 얘기야. 근육도 같은 비율로 늘어난다면, 허벅지의 지름이 대략 6m에 달할 거야."

몸 크기가 10배로 커짐에 따라 1000배로 늘어난 몸무게를 떠받치기 위해 다리가 엄청나게 굵어져야 한다.

물리학자가 새 종이에 다리가 어마어마하게 굵은 괴물을 그리고, 설명을 계속한다.

"그러니까 대충 이런 모양일 거야. 〈쥬라기 공원〉에 나오는 공룡과 아주 비슷하지. 두 다리가 공룡보다 훨씬 더 튼튼해야 한다는 점은 다르지만."

부흐슈타인과 포메렝케가 그림을 보며 당혹스러운 표정을 짓는다. 이윽고 부흐슈타인이 말한다.

"앙케가 뚱뚱이 역할도 몇 번 하긴 했지. 하지만 이런 꼴로 영화에 출연할 생각은 전혀 없을 거야."

"암, 그렇고말고. 이런 괴물이 입은 치마가 들춰지는 장면은 나도 상상하기 싫어."

포메렝케가 화를 내며 덧붙인다.

"내 말 잘 들어. 난 물리학에 맞는 대본을 쓸 능력이 없어. 〈킹콩〉을 쓴 작가도 물리학을 무시했잖아. 《걸리버 여행기》를 쓴 조너선 스위프트Jonathan Swift도 과학자의 조언을 구하지 않았고."

포메렝케가 원고를 챙기고 재킷을 입는다. 그리고 부흐슈타인을 향해 원망스러운 듯이 말한다.

"이봐, 마르쿠스. 우리가 가벼운 오락영화를 만들려는 건지 아니면 물리학 다큐멘터리를 만들려는 건지 잘 생각해봐! 그런 다음에 전화해."

대본작가는 인사도 없이 카페를 떠난다.

"여기 카푸치노 한 잔 더 주세요!"

부흐슈타인이 종업원을 부르고 나서 곁에 남은 대화 상대를 바라본다.

"자네가 이해해줘. 위르겐은 가끔 예민하게 굴거든. 그건 그렇고 자네는 스탠리 큐브릭을 어떻게 생각하나?"

큰 동물과 작은 동물

우주 만물의 크기가 하루아침에 2배로 커졌다고 상상해보라. 당신을 비롯한 모든 사람이 2배로 커지고, 우리가 사는 지구도, 지구와 태양 사이의 거리도, 별들과 은하들도 2배로 커졌다고 말이다. 이렇게 만물이 2배로 커지면, 우리는 그 변화를 알아챌 수 있을까?

당연한 말이지만, 자연 법칙은 변함이 없다고 전제하자. 자연 법칙마저 변한다면, 위의 질문은 무의미해질 테니까 말이다. 만물이 2배로 커졌지만 자연 법칙도 적절하게 변해서 모든 것이 예전과 다름없는 세계는 사실상 다른 세계가 아니다. 적어도 우리는 그 세계를 예전의 세계와 구분할 수 없다.

우선 길이 측정부터 살펴보자. 새로운 세계에서 당신은 아무 차이도 알아채지 못할 것이다. 과거에 1m 길이였던 물체는 여전히 1m 길이로 보일 것이다. 모든 자도 2배로 커졌을 테니까 말이다. 빛의 속도는 반으로 줄어들었을 텐데, 이 변화는 일상생활에서 별다른 의미가 없다.

그러나 면적과 부피의 증가에 주목하면, 사정은 달라진다. 주사위를 2배 또는 3배로 확대하는 것을 생각해보자.

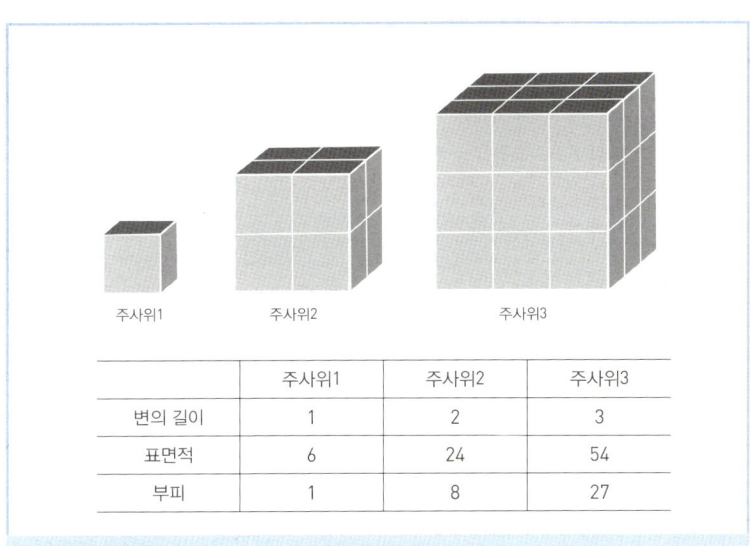

	주사위1	주사위2	주사위3
변의 길이	1	2	3
표면적	6	24	54
부피	1	8	27

주사위의 길이를 2배, 3배로 확대할 때, 표면적과 부피의 변화

우리가 상상한 '2배로 확대된' 세계에서는 이처럼 모든 물체의 부피가 2배가 아니라 8배로 커진다. 그리고 질량은 부피에 비례하므로, 질량도 8배로 증가한다.

그렇다면 지상의 모든 물체가 과거보다 8배 무거워질까? 아니다. 더 심각한 변화가 일어난다. 지구의 질량도 8배로 늘어날 것이므로, 지구가 물체들을 끌어당기는 힘이 더 강해진다. 물론 지상의 물체와 지구의 중심 사이의 거리는 2배로 커지겠지만, 지구의 중력은 거리의 제곱에 반비례하므로, 결과적으로 지구가 지상의 물체를 끌어당기는 힘은 2배로 커진다. 따라서 지상의 물체는 질량이 8배로 커지고 무게가 16배로 커진다!

차근차근 계산해보자. 행성의 중력장 안에 있는 물체가 받는 힘 F는 행성의 질량 M에 비례하고 행성의 반지름 r의 제곱에 반비례한다. 요컨대 다음이 성립한다.

$$F \propto \frac{M}{r^2}$$

만일 행성의 질량이 $M'(=8M)$으로 바뀌고 반지름이 $r'(=2r)$으로 바뀐다면, 새로운 힘 F'에 대해서 다음이 성립한다.

$$F' \propto \frac{M'}{r'^2} = \frac{8M}{(2r)^2} = \frac{8M}{4r^2} = 2 \times \frac{M}{r^2}$$

우아한 모양새가 돋보이는 어느 현수교를 상상해보자. 이 현수교의 무게는 지름 10cm짜리 강철 케이블 4개에 의해 지탱된다. 만일 만물이 2배로 커진다면, 이 현수교의 무게는 16배로 커질 것이고, 지름 20cm짜리 케이블 4개가 그 무게를 지탱해야 할 것이다. 그런데 케이블의 강도는 단면적에 의해 결정되는데, 케이블의 굵기가 2배로 증가하면, 케이블의 단면적은 4배로 증가할 테고, 따라서 케이블의 강도도 4배로 증가할 것이다. 그러므로 건축가가 현수교를 매우 안전하게 설계하지 않았다면, 2배로 커진 현수교는 곧바로 붕괴할 것이다.

요컨대 만물이 2배로 커진다면, 거의 모든 건물이 주저앉을 것이므로 세상은 폐허가 될 것이다. 나무들도 똑바로 서 있을 수 없을 것이다. 비행기는 추락할 것이다. 왜냐하면 만물이 2배로 커지면, 비행기의 날개가 커져서 양력이 증가하기는 하겠지만 16배로 커진 비행기의 무게를 그 양력으로 감당할 수는 없기 때문이다.

우리 자신도 두 다리로 서 있기 힘들 것이다. 예컨대 원래 75kg인 사람은 이제 몸무게가 16배로 커져서 1.2t에 달할 테고, 이 무게를 감당하기에는 그의 다리가 턱없이 가늘 테니까 말이다. 동물들도 마찬가지다. 모든 동물은 구조적인 허약함 때문에 이동할 수조차 없게 될 것이다. 그리하여 누워서만 지내더라도 살아남기 어려울 것이다. 왜냐하면 내부 장기들이 원래의 규모보다 2배 커진 새 규모에 적합할 리 없기 때문이다. 그러므로 우리는 만물이 하루아침에 2배로 커졌음을 알아챌 뿐더러 그 2배 확대의 결과로 거의 확실히 죽음을 맞이할 것이다.

거의 모든 문화에 거인과 난쟁이에 관한 이야기가 있고, 이들은 대개 인간을 단순하게 확대하거나 축소한 결과로 묘사된다. 물리학적인 고려는 찾아볼 수 없다. 조너선 스위프트가 지어낸 이야기의 주인공 걸리버는 여행 중에 '릴리푸트Liliput'라는 나라에 들르는데, 그 나라에 있는 모든 것은 우리 세계의 것보다 12배 작다. 걸리버가 더 나중에 들르는 나라 '브롭딩낙Brobdingnag'에서는 모든 것이 우리 세계의 것보다 12배 크다(릴리푸트의 1피트는 우리 세계의 1인치, 우리 세계의 1피트는 브롭딩낙의 1인치이다). 그러나 조너선 스위프트보다 수백 년 앞서 활동한 갈릴레오 갈릴레이는 이 같은 확대와 축소가 순조롭게 이루어질 수 없음을 알았다. 예를 들어 그는 자그마한 개는 덩치가 비슷한 개 두 마리를 거뜬히 등에 태울 수 있지만, 말은 다른 말 한 마리도 태울 수 없다고 지적했다. 개미는 자그마치 제 몸무게의 50배를 짊어지고도 멀쩡하다.

큰 동물과 작은 동물의 차이는 모양새에 국한되지 않는다. 예를 들어 말은 2층 높이에서 떨어지면 죽지만, 개는 충분히 살아남을 수 있다. 대개의 고양이는 더 높은 곳에서 떨어져도 죽지 않는다. 이는 고양이가 공중에서 능숙하게 몸을 돌려 자세를 바로잡고 네 발로 착지하기 때문만이 아니다. 생쥐는 비행기에서 떨어져도 뭉개지지 않는다. 이런 차이가 발생하는 주된 이유는, 가벼운 물체일수록 공기의 저항을 받으면서 낙하할 때 도달하는 종단속도가 작기 때문이다(제2화 참조).

그러므로 릴리푸트에 사는 소인들은 지붕 위에서 땅바닥으로 뛰어내려도 다치지 않을 것이다. 대신에 그들에게는 다른 약점이 있을 것이다. 앞에 나온 주사위의 확대에 관한 표에서 확인할 수 있듯이, 주사위가 작아질수록 부피 대비 표면적은 점점 커진다. 이 관계는 동물과 인간의 몸에도 적용된다. 포유동물은 일정한 체온을 유지하는데, 그 체온은 주변 환경의 온도보다 더 높다. 그래서 포유동물은 몸의 표면을 통해 끊임없이 열을 방출한다. 작은 포유동물은 상대적으로 표면적이 크므로 체온이 더 빨리 내려간다. 이것은 남자보다 여자가 더 빨리 추위를 느끼는 이유들 중 하나이다. 릴리푸트의 소인은 체온을 유지하기 위해서 평범한 인간보다 훨씬 더 활발하게 물질대사를 해야 할 것이다. 매일 자신의 몸무게와 맞먹을 정도의 음식을 먹어야 할 것이다! 추운 지역에는 작은 포유동물이 살지 않는다. 지역을 막론하고 가장 작은 포유동물은 뒤쥐인데, 이보다 더 작은 동물은 모두 변온동물이다. 바꿔 말해서 뒤쥐보다 작은 동물의 체온은 주변 환경의 온도와 대체로 같다.

나는 황소 한 마리의 물질대사와 토끼 300마리의 물질대사를 비교한 표를 본 적이 있다. 양쪽은 무게가 대략 같다. 황소는 먹이를 매일 7.5kg을 먹는 반면, 토끼 300마리는 약 30kg을 먹고 그만큼의 칼로리를 소비한다. 이 정도로 활발한 물질대사를 유지하기 위해서 작은 동물들의 심장은 더 빨리 박동한다. 고래의 심장은 1분에 15회 정도 뛰는 반면, 인간의 심장은 70회, 뒤쥐의 심장은 1000회 가까이

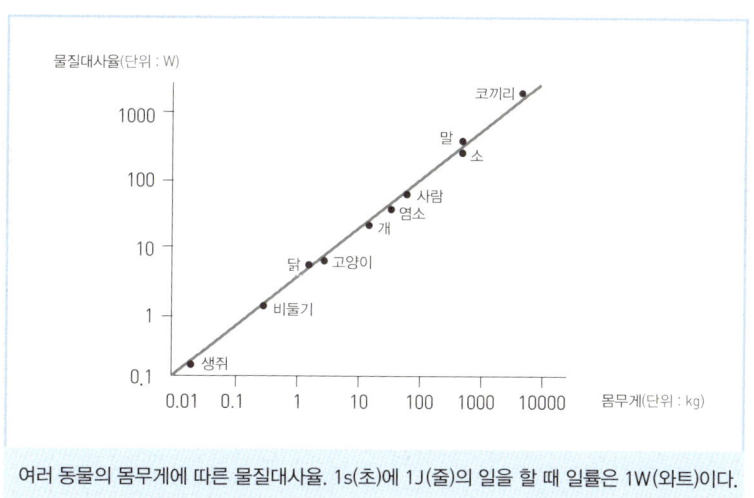

여러 동물의 몸무게에 따른 물질대사율. 1s(초)에 1J(줄)의 일을 할 때 일률은 1W(와트)이다.

뛴다. 이 차이는 수명에도 반영된다. 작은 동물은 수명이 짧다. 모든 포유동물 각각의 수명은 심장이 10억에서 20억 회 뛸 시간과 같은 것으로 보인다. 심장 박동뿐 아니라 에너지 생산도 몸의 크기와 관련지을 수 있다. 그러면 놀랄 만큼 규칙적인 관계가 드러난다.

이 관계를 어떻게 특징짓고 설명할 수 있을까? 19세기에 독일 과학자 막스 루브너Max Rubner는 이 관계를 연구했다. 그는 몸의 표면을 통한 열 손실에 초점을 맞췄다. 이 열 손실은 몸길이의 제곱에 비례하는 반면, 몸무게는 몸길이의 세제곱에 비례한다.

루브너는 동물의 몸길이가 L, 몸무게가 m, 표면적이 O, 동물이 단위시간 동안 생산하는 에너지가 I라면, 아래 식들이 성립한다고 주장했다.

$I \propto O \propto L^2$
$m \propto L^3$

'$\propto$'는 좌변이 우변에 비례함을 뜻하는 '비례 기호'이다. I와 몸무게 m 사이의 관계는 아래와 같다.

$I \propto L^2 \propto (L^3)^{\frac{2}{3}} \propto m^{\frac{2}{3}}$

요컨대 동물의 에너지 생산율은 몸무게에 비례하는 것이 아니라 몸무게의 $\frac{2}{3}$제곱에 비례한다.

루브너의 깔끔한 설명은 아쉽게도 관찰 자료와 일치하지 않는다. 스위스 생물학자 막스 클라이버Max Kleiber는 1930년대에 광범위한 측정 작업을 통해 동물의 에너지 생산율이 몸무게의 $\frac{2}{3}$제곱이 아니라 $\frac{3}{4}$제곱에 비례한다는 결론에 도달했다. 즉, 동물의 몸이 커지면, 에너지 생산율이 표면적의 증가 속도보다 조금 더 빠르게 증가한다는 결론을 얻은 것이다.

왜 이런 관계가 성립할까? 이 질문에 대한 첫 대답은 1997년에야 나왔다. 대답을 내놓은 사람은 미국 로스앨러모스 국립연구소의 물리학자 제프리 웨스트Geoffrey West이다. 그의 가설은 다음과 같다. 동물의 에너지 수요는 몸의 표면에서 일어나는 열 손실에 의해서가 아니라 혈관계를 통해 온몸에 영양분을 공급하는 데 드는 에너지 소비량에 의해 결정된다. 혈관계처럼 복잡하게 얽힌 연결망의 확대나 축소를 계산하는 것은 어려운 과제이다. 그런 연결망은 단순하게 확대되지 않는다. 코끼리에서 가장 작은 혈관은 생쥐에서 가장 작은 혈관보다 더 크지 않다. 이런 연유로, 에너지 생산율의 증가는 표면적의 증가보다는 빠르고 몸무게의 증가보다는 느리게 일어난다. 다시 말해 비례 관계에 $\frac{3}{4}$이라는 '어정쩡한' 지수가 붙게 된다. 더 나중에 밝혀졌지만, 이 같은 '$\frac{3}{4}$ 법칙'은 포유동물뿐 아니라 모든 생물에 적용된다. 이 법칙이야말로 진정한 의미의 보편 규칙인 것이다!

영화에서 흔히 등장하는 최악의 물리학 오류

우주에서 일어나는 폭발

공상과학영화에서는 폭발이 자주 일어난다. 그런데 텅 빈 우주 공간에서는 폭발음이 들리지 않아야 옳다. 소리는 빛과 달리 매질이 있어야 퍼져나가기 때문이다. 근처의 소행성이 폭발할 때 우주선 탑승자들이 느끼는 진동도 비현실적이다. 왜냐하면 소리와 마찬가지로 압력 파동도 매질을 필요로 하기 때문이다.

총에 맞고 쓰러지는 사람

영화에서는 사람이 총에 맞고 나가떨어지는 장면을 흔히 볼 수 있다. 총에 맞은 사람은 발코니에 있다가 아래로 떨어지기도 하고 유리창을 깨고 진열대 위로 쓰러지기도 한다. 그러나 뉴턴의 작용과 반작용의 법칙에 따르면, 총탄이 발휘하는 힘은 총을 쏘는 사람이 느끼는 반동보다 더 크지 않다. 총을 쏘는 사람이 반동 때문에 뒤로 나가떨어지지 않는다면, 총에 맞은 사람이 그 충격으로 뒤로 나가떨어지는 일도 있을 수 없다.

폭발하는 자동차

자동차를 몰고 산악 도로를 달려 달아나던 악당이 가드레일을 부수고 절벽 아래로 굴러 떨어진다. 곧이어 자동차에 화재가 발생하고 폭발이 일어나 악당과 자동차는 불덩이가 된다. 영화에서 흔히 보는 장면이지만, 추락한 자동차에서 화재가 일어나는 경우는 극히 드물다. 또 화재가 발생하더라도 자동차가 폭발하지는 않는다. 그런데 불붙은 자동차가 폭발한다는 미신 때문에 많은 사람이 화재가 발생한 자동차에 접근하여 탑승자를 구하기를 꺼린다.

휘발유 웅덩이에 떨어진 담배꽁초

주로 교통사고 장면에서 등장하는 또 다른 미신이 있다. 사고 차량에서 휘발유가 흘러나오고, 무심히 내던진 담배꽁초가 끔찍한 폭발을 일으킨다. 그러나 실제로 땅바닥에 고인 휘발유에 불을 붙이기는 매우 어렵다. 담배꽁초로는 어림도 없다.

소음기를 단 총이 내는 '픽' 하는 총소리

요란한 총소리는 세 가지 원인 때문에 발생한다. 화약의 점화, 총열에서 튀어나오는 압축 공기 그리고 경우에 따라서는 총탄이 만드는 음속폭음이 그 원인들이다. 소음기는 두 번째 원인만 완화하므로, 소음기를 달더라도 총소리가 영화에서처럼 작아지지는 않는다. 더군다나 소음기를 다는 주된 목적은 범죄를 은폐하는 것이 아니라 총을 쏘는 사람의 귀를 보호하는 것이다.

눈에 보이는 레이저 광선

영화에서 미래의 우주 전투나 최첨단 보안 시설을 갖춘 은행 금고를 묘사할 때면 빨간색이거나 초록색인 레이저 광선이 흔히 등장한다. 그러나 레이저 광선을 옆에서 보면 보이지 않는다. 평범한 광선도 마찬가지다. 광선은 입자들에 부딪혀 산란되어야 비로소 눈에 띈다. 이를테면 광선이 안개나 연기를 통과할 때만 보인다는 말이다.

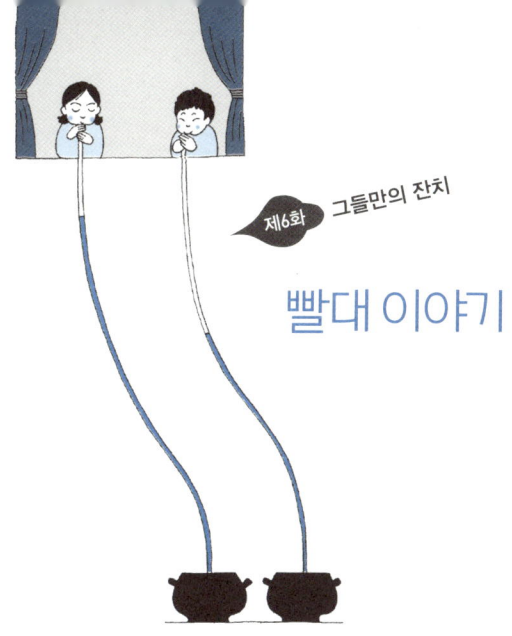

제6화 그들만의 잔치

빨대 이야기

함부르크 시 에펜도르프 구역 빈터투르벡 27번지에는 아름다운 전통이 있다. 1년에 한 번 그 건물의 거주자들이 다 모여 잔치를 연다. '창업 시대'(1873년 직전에 절정에 이른 중부유럽의 경제 호황기—옮긴이)에 지은 그 다세대주택에는 주로 수입이 좋은 의사, 변호사, 방송인이 세 들어 살며, 그 동네 사람들은 이웃 사이의 친분을 중시한다. 이곳에서 지위의 상징은 길가에 주차된 하이브리드 자동차가 아니라 층계참에 놓인 명품 유모차다.

    1층에 사는 쉰들러 가족이 자기네 정원을 잔치 장소로 내놓았다. 아이들은 그곳에서 오후 내내 뛰어놀고 이기고 지는 게임을 하며 간식을 실컷 먹었다. 그러나 30분 전에 어른들이 취침나팔을 불었고, 저녁 아홉 시인 지금 아이들은 마지못해 칭얼거리기도 하면서 각자의 방으로 간다. 어린아이들은 잠들 때까지 자장가를 불러줄 엄마나 아빠와 함께 가지만, 열 살배기 쌍둥이 안나와 니클라스의 부모는 아이들이 혼자서 잠자리에 들 수 있다고 생각한다. 두 아이가 함께 있으니 무서움을 타지 않으리라 믿는다.

쌍둥이는 씩씩하게 이를 닦고 잠옷을 입었지만 잠들 생각은 당연히 없다. 그러기에는 아래쪽에서 들려오는 잔치 소리가 너무 크다. 어른들은 어느새 음악을 틀었고, 한 쌍이 일어나 춤추기 시작한다. 게다가 쌍둥이의 마음도 많이 들뜬 상태다.

안나와 니클라스는 침대에 누워 한동안 책을 읽는다. 이윽고 안나가 묻는다.

"불 끌까?"

"졸려?"

쌍둥이 동생이 되묻는다. 벌써 밤 11시다.

"아니. 내 말은 자자는 얘기가 아니라, 불 끄고 발코니에 나가서 어른들이 뭐하는지 내려다보자고. 불을 꺼야 어른들이 우리를 못 보잖아."

두 아이가 침대에서 내려와 집 안의 조명을 모두 끄고 살금살금 거실을 가로질러 발코니로 나간다. 아이들의 집은 4층이다. 내려다보니 어른들이 잘 보인다. 아이들은 느긋하게 어둠 속에 숨어서 어른들을 구경한다.

한동안 구경하고 나니 다시 따분함이 몰려온다. 어른들이 술을 마시고 잡담하고 춤추는 모습을 구경하는 것 역시 그리 재미있는 놀이는 아니다.

"쉿! 나한테 좋은 생각이 있어."

니클라스가 누나에게 속삭인다. 안나는 동생의 얼굴에 떠오르는 짓궂은 미소를 보면서 얘가 또 무언가 터무니없는 장난을 생각해 낸 모양이라고 짐작한다.

"무슨 생각인데? 아무튼 나는 너무 위험한 짓은 안 할 거야."

안나가 말한다.

"아냐, 요만큼도 안 위험해. 발코니 난간에 매달리거나 뭐 그런 게 아니라고."

니클라스가 누나를 안심시킨다.

"저 아래 식탁 위에 음료수 단지 두 개 보이지? 저기, 우리 바로 아래에. 한 단지에는 빨간색 음료가 들어 있고, 다른 단지에는 노란색 음료가 들어 있잖아."

"빨간색은 '상그리아'라는 술이 섞인 음료야. 노란색은 가정에서 만든 레모네이드이고."

안나가 각각의 음료의 정체를 친절히 알려준다.

"아이, 무슨 음료든 상관없고, 내 얘기를 좀 들어봐. 우리가 저 음료를 어른들 몰래 빨대로 빨아올릴 수 있을까?"

"그렇게 긴 빨대가 어디 있냐?"

안나가 허탈한 기분으로 묻는다.

"진짜 빨대는 당연히 없지. 하지만 아빠 방에 투명한 호스 꾸러미가 두 개 있어. 그걸 쓰면 틀림없이 될 거야."

쌍둥이의 아버지는 의료용품을 취급하는 자영업자이다. 때로는 자신의 방에 기계와 부품을 놔둔다. 일주일 전부터 그의 방에는 둘둘 감긴 PVC 호스가 놓여 있다. 니클라스는 지금 그 호스를 이야기하는 것이다.

"내가 봤는데 12m짜리 호스 두 개야. 나중에 잘 씻어서 다시 감아놓으면 감쪽같을 거야. 아빠에게 들킬 염려는 없다고."

니클라스가 흥미진진한 얼굴로 말한다.

"길이만 따지면 될 것도 같네. 이 건물은 한 층의 높이가 3.5m이니까······. 그런데 네 생각에는 우리가 정말 아무도 모르게 해낼 수 있을 것 같니?"

안나가 중얼거린다.

"주위가 캄캄하면, 호스가 조금만 멀리 있어도 안 보여."

니클라스가 대답한다.

"물론 우리가 기회를 잘 포착하기도 해야겠지."

동생은 누나의 대꾸를 기다리지 않고 재빨리 아빠 방에 가서 호스 꾸러미 두 개를 가져온다.

"우리 빨아올리기 시합하자. 누가 빨간색을 하지? 내가 할까?"

니클라스가 흥분해서 묻는다. 안나는 동생의 눈빛을 보고 얘가 금지된 술을 마셔보고 싶어서 안달이 났음을 알아챈다.

"가위바위보로 결정하자."

안나가 제안한다. 이어서 가위바위보 세 판 만에 안나가 선택권을 거머쥔다.

"내가 빨간색!"

안나가 으스대는 표정으로 속삭인다.

"누나가 술을 이렇게 좋아하는 줄 미처 몰랐어."

동생이 놀란 표정으로 말한다. 원래 누나는 포도주 한 모금도 완강히 거부하는 모범생이었다.

"때가 되면 다 변하는 것이 순리가 아니겠니."

안나가 미소를 지으며 말하고, 니클라스는 누나의 미소를 이해할 길이 없다. 두 아이는 잔치 광경을 조금 더 관찰한다. 어른들은 빨간 음료를 이미 적잖이 마신 모양이다. 목소리들이 커지고, 평소에 등나무로 만든 가구가 놓였던 자리에서 아무도 예상치 못한 한 쌍이 흥청망청 춤을 춘다.

이윽고 오늘의 디제이를 맡은 랑거 씨가 글로리아 게이너Gloria Gaynor의 〈난 살아남을 거야I Will Survive〉를 틀자, 마지막 한 사람까지 자리에서 일어난다. 이제 어른들은 모두 춤판에 모였다. 음식이 놓인 자리는 썰렁하다. 음료수들이 놓인 테이블 주위도 텅 비었다.

"지금이 기회야!"

니클라스가 속삭인다. 쌍둥이는 번개같이 호스를 내려뜨린다. 4층 발코니에서 호스를 내려 정확히 단지 안에 집어넣는 것은 쉬운 일이 아니다. 그러나 잠시 후에 아이들은 작업에 성공한다.

"준비, 시작!"

안나가 속삭인다. 두 아이는 잽싸게 호스의 끝을 입에 물고 빨기 시작한다. 빨고, 또 빤다. 지름이 겨우 2mm인 호스 안에 이토록

많은 공기가 들어 있다니, 놀라울 따름이다! 처음에 아이들은 자신들의 행동이 아예 헛수고가 아닌지 의심한다. 그러나 자세히 보니, 음료수가 빨대를 따라 3층 높이까지 올라온 것이 보인다. 빠니까 올라온다!

니클라스가 한껏 부릅뜬 눈으로 옆에 있는 경쟁자를 바라본다. "3m만 더!"라는 말을 눈빛으로 대신하려는 것이다. 두 아이의 얼굴이 붉어진다. 뺨이 아파온다. 빨간색 음료와 노란색 음료가 올라오는 속도는 점점 더 느려진다. 니클라스의 음료는 발코니 아래 10cm

지점에서 멈춘다. 니클라스가 아무리 애를 써도, 음료는 요지부동이다. 어느 순간 소년은 더는 버틸 수 없어 호스에서 입을 떼고 숨을 헐떡거린다.

한편 안나는 포기하지 않는다. 누나가 동생을 바라보고, 동생은 누나의 눈빛에서 승리의 기쁨이 배어나온다고 느낀다. 곧이어 정말로 안나의 입에 빨간색 음료가 도달한다. 소녀는 곧바로 상그리아를 바닥에 뱉는다.

"웩! 이 맛은 정말 싫어."

소녀가 말한다. 아무튼 그녀는 빨아올리기 시합에서 확실히 이겼다. 혹시 너무 큰 소리를 낸 것이 아닐까? 두 아이가 살금살금 아래를 살펴본다. 빨아올리기 시합은 겨우 3분 동안 지속되었고, 어른들은 여전히 춤판에 모여 있다. 아이들이 호스를 조심스럽게 끌어올린다. 아무도 눈치채지 못한 모양이다. 니클라스는 완전히 풀이 죽었다. 자신이 이길 것이라고 확신했는데, 망신도 이런 망신이 없다. 누나가 동생의 어깨를 두드린다.

"졌다고 너무 상심하지 마. 너한테 훨씬 불리한 시합이었어."

"무슨 말이야?"

"레모네이드를 빨았다면 나도 아마 실패했을 거야. 내가 술을 엄청 싫어하면서도 상그리아를 선택한 건 이기기 위해서였어."

"그러니까, 상그리아가 더 잘 빨린다는 말이야?"

니클라스가 깜짝 놀라면서 의아하다는 듯이 묻는다.

"맞아, 바로 그거야."

안나가 대답한다.

"지난주 물리 강의를 귀 기울여 들었으면 너도 알았을 텐데. 자세한 설명은 내일 해줄게. 우선 정리부터 하자. 엄마 아빠가 곧 올라오실 거야."

쌍둥이는 모든 흔적을 말끔히 없앤다. 호스를 씻어서 감아두고 부모님이 기분 좋게 귀가하기 전에 침대에 눕는다. 아직 잠들지 않은 아이들의 귀에 엄마의 말이 들려온다.

"분명히 단지에 상그리아가 남아 있었다고요."

빨려 올라오는 것일까, 밀려 올라오는 것일까?

액체를 빨아올릴 수 있는 높이에 한계가 있다는 사실은 우리의 상식과 정면으로 충돌한다. 우리 힘으로 액체를 '빨아서' 끌어올리는 것인데, 우리가 충분히 강한 힘을 발휘한다면 액체를 얼마든지 높이 빨아올릴 수 있지 않을까? 그러나 실제로 액체는 우리가 빠는 힘 때문이 아니라 우리 주위의 공기가 미는 힘 때문에 상승하고, 공기가 미는 힘에는 한계가 있다.

우리는 공기의 바다 속에서 산다. 공기는 질량이 있고, 공기의 질량과 지구의 중력 때문에, 공기는 압력을 발휘한다. 그러나 사람들은 수천 년 동안 이 사실을 깨닫지 못했다. 일상생활에서 공기는 무게가 없는 것처럼 보인다. 공기는 바닥으로 떨어지지 않는다. 그래서 우리는 공기의 질량을 느끼지 못한다. 옛날 과학자들은 액체가 빨대를 통해 상승하는 것을, 흡인펌프가 지하의 물을 끌어올리는 것을 어떻게 설명했을까?

2천 년 넘게 사람들은 그리스 철학자 아리스토텔레스의 설명에 의지했다. 아리스토텔레스는 이 문제 말고도 여러 분야에서 과학의 진보를 방해했다. 실험을 통해 앎을 얻을 수 있다는 생각은 아리스토텔레스에게 전혀 낯설었다. 그는 대개 순수한 생각을 통해 세계에 관한 진술에 도달했고, 그 진술은 흔히 얼토당토않았다(지금도 아리스토텔레스의 방법으로 연구하는 철학자들이 있다고 한다). 예컨대 아리스토텔레스는 남자가 여자보다 치아의 개수가 더 많다고 딱 잘라 주장했다. 간단히 세어보면 확인할 수 있었을 텐데, 그 위대한 철학자와 그를 추종한 사람들은 그럴 생각조차 하지 않았다. 모든 운동하는 물체는 멈추려고 애쓴다고 아리스토텔레스는 주장했다. 이 믿음 역시 수천 년 동안 유지되다가, 운동하는 물체는 힘을 받지 않는 한 등속 직선 운동을 한다는 것이 널리 알려지면서 비로소 폐기되었다.

우리가 액체를 빨아올릴 수 있는 이유를 아리스토텔레스는 '진공에 대한 공포'를 통해 설명했다. 자연이 진공의 존재를 꺼린다는 것을 그 이유로 제시한 것이다. 사람이 관에서 공기를 빨아내면, 관 내부에 진공이 발생할 위험이 생긴다. 그래서 자연은 진공의 발생을 막기 위해 액체가 관을 따라 상승하도록 만든다. 이 원리가 옳다면, 예컨대 물을 빨아올릴 수 있는 높이에 한계가 없어야 할 것이다.

그러나 근대 초기에 사람들은 실제로 그 높이에 한계가 있음을 깨달았다. 예를 들어 탄광에서는 갱도에 고인 물을 펌프로 빨아올려야 하는 상황이 흔히 발생했는데, 물을 어떤 특정한 높이보다 더 높이 빨아올릴 수 있는 펌프는 없었다. 사람들은 펌프를 탓했다. 예컨대 이런 유형의 펌프로는 어느 수준 이상으로 완벽한 진공을 만들어낼 수 없다는 식의 진단이 내려졌다. 그러나 다른 한편에서는 '진공에 대한 공포'를 의심하는 사람들이 처음으로 생겨났다.

갈릴레오 갈릴레이도 그중 한 명이었다. 그는 한편으로 '진공에 대한 공포'를 받아들이면서도 다른 한편으로 물을 10m 넘게 빨아 올리는 것은 불가능하다고 확신했다. 그럼 자연은 특정 높이까지만 진공을 기피하는 것일까? 갈릴레이는 이 모순을 해결하지 못했다. 어쩌면 단지 교회의 권위자들을 상대로 과거에 망원경을 통한 천체 관찰을 계기로 싸웠을 때보다 더 크게 싸우게 되는 것이 싫어서 그냥 침묵한 것인지도 모른다.

진공에 대한 공포라는 터무니없는 원리는 결국 갈릴레이의 제자 에반젤리스타 토리첼리Evangelista Torricelli의 손에 퇴출되었다. 그는 액체가 상승하는 것은 진공이 두려워서가 아니라 공기의 무게가 액체를 밀어 올리기 때문이라고 주장했다. 이와 관련해서 토리첼리는 1643년에 수은을 이용한 실험을 제안했다. 수은은 물보다 훨씬 더 무겁다(수은 1cm^{3}의 질량은 약 14g이다). 길이가 1m 정도 되고 한쪽 끝이 막힌 유리관에 수은을 가득 채우고 유리관을 거꾸로 세워서 수은이 들어 있는 대접에 담그면 어떻게 될까? 공기의 압력은 수은 기둥을 76cm까지만 밀어 올릴 수 있다. 따라서 유리관 속에 있던 수은의 일부가 대접으로 흘러나와서 수은 기둥의 높이는 76cm가 되고 그 위의 유리관 내부에 정말로 진공이 형성된다.

    토리첼리의 혁명적인 견해는 뜨거운 논쟁을 불러일으켰다. 르네 데카르트René Descartes는 진공이 어딘가에 존재한다면 토리첼리의 머릿속에 존재할 것이라고 말했다고 한다. 반면에 역시 유명인물이었던 블레즈 파스칼Blaise Pascal은 토리첼리의 편을 들었다.

    토리첼리의 실험은 반복되었지만, 많은 지식인은 수은 기둥 위에 정말로 진공이 형성된다는 것을 믿지 않으려 했다. 많은 이는 모종의 증기가 그 공간을 채운다고 여겼다. 그러자 파스칼은 관객 500명 앞에서 12m 높이의 유리관 두 개를 이용한 실험을 했다. 한 유리관에는 물을, 다른 유리관에는 포도주를 채웠다. 포도주는 물보다 더 잘 증발하므로, 증기 이론을 주장하는 이들은 포도주 기둥이 물기둥보다 더 낮을 것이라고 예상했다. 그러나 실험 결과는 정반대였다. 두 유리관을 거꾸로 세우고 주둥이를 액체에 담그니, 포도주 기둥이 물기둥보다 더 높았다. 우리의 이야기에서 쌍둥이가 벌인 빨아올리기 시합의 결과와 마찬가지였던 것이다.

    파스칼이 행한 '공허 속의 공허vide dans le vide'라는 실험은 액체를 상승시키는 것이 공기의 압력임을 최종적으로 증명했다. 이 증명을 위해 파스칼은 토리첼리가 개발한 압력계―수은을 채운 관을 수은 그릇에 연결해놓은 구조의 장치―를 더 큰 관 속에 집어넣었다. 그 큰 관에도 수은이 들어 있었고, 그 관의 주둥이는 막으로 봉해져 있었다. 그리고 그 관을 다시 커다란 수은 대접에 담갔다(그림1). 수은의 독성이 잘 알려진 오늘날에는 이토록 많은 수은을 사용하는 실

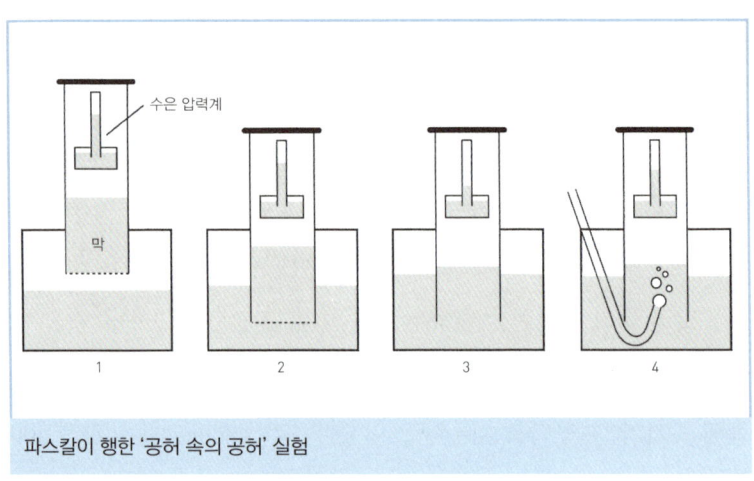

파스칼이 행한 '공허 속의 공허' 실험

험을 하기가 쉽지 않을 것이다.

 막이 온전하면, 아무 일도 일어나지 않는다(그림2). 그러나 막을 뚫거나 뜯어내면, 큰 관 속 수은의 높이가 낮아지고 그 위 공간의 압력도 낮아진다(그림3). 공간의 압력이 낮아진 것은 작은 압력계의 수은 기둥이 낮아진 것을 보고 알 수 있다. 이 상태에서 U자 모양의 빨대를 이용하여 큰 관 속으로 공기를 집어넣어 관 속 공간의 압력을 높이면(그림4) 압력계의 수은 기둥은 다시 상승한다. 이 실험이 보여주는 바는 이것이다. 압력계의 수은 기둥의 높이는 자연이 공허에 대해서 품은 공포 따위에 의해서 결정되는 것이 아니라 주위 공기의 압력에 의해서 결정된다.

 공기가 우리에게 가하는 압력은 얼마나 될까? 평범한 조건의 지상에서 공기의 밀도는 $1.3kg/m^3$ 정도이다. 그러므로 밑면적이

1cm²이고 높이가 1m인 공기 기둥의 질량은 고작 0.1g 정도에 불과하다. 하지만 공기는 몇 km 상공까지 쌓여 있다. 물론 높이 올라갈수록 공기가 희박해지는 것은 사실이지만 말이다. 지상에서 공기의 압력은 약 1.013bar이다. 다시 말해 1cm²에 약 10N의 힘이 가해지는데, 10N은 질량이 1kg인 물체의 무게에 해당한다. 바꿔 말해서, 1m²의 면적을 누르는 공기의 질량은 10t에 달한다.

우리가 이 막대한 압력에 짓눌려 죽지 않는 이유는 우리 몸 내부의 압력이 공기의 압력에 대항하기 때문이다.

이제 다시 쌍둥이 이야기로 돌아가서 니클라스가 레모네이드를 어느 높이까지 빨아올릴 수 있는지 계산해보자(레모네이드의 밀도는 물과 같다고 가정하자).

빨대 외부의 압력 p_l은 10.13N/cm²이다. 빨대 내부의 압력은 그보다 낮은 p_s인데, p_s는 물(또는 레모네이드)기둥을 위에서 누른다. 1cm³의 물 1g의 무게는 0.0098N이다. 따라서 물기둥의 압력 p_w는 물기둥의 높이가 h일 때, $p_w = h \times 0.0098 (N/cm^2)$이다.

$$p_w + p_s = p_l$$

$$h \times 0.0098 + p_s = 10.13$$

$$h = \frac{10.13 - p_s}{0.0098}$$

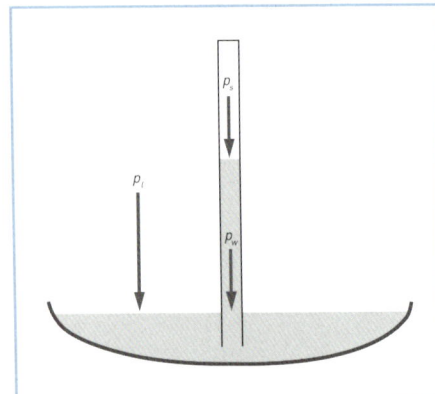

p_L은 빨대 외부의 압력, p_s는 빨대 내부의 압력, p_w는 물기둥의 압력이다. 세 압력, p_L, p_s, p_w는 다음과 같이 정확히 평형을 이룬다.
$p_L = p_s + p_w$

마지막 등식에서 다음을 알 수 있다. 니클라스가 빨대를 빨아서 만들어내는 내부압력 p_s가 작을수록 h는 커진다. 그러나 니클라스가 빨대 속의 공기를 죄다 빨아내서 완벽한 진공을 만든다고(내부압력을 0으로 만든다고) 하더라도, 물기둥의 높이는 어느 한계를 넘을 수 없다. $p_s = 0$이면, 아래 등식이 성립한다.

$$h = \frac{10.13}{0.0098} = 1034$$

1034cm는 10.34m이다. 니클라스가 빨아올린 레모네이드는 발코니 바로 아래까지 올라왔을 것이다.

상그리아를 빨면 어떻게 될까? 알코올은 물보다 가볍다. 알코올의 밀도는 0.79g/cm³이다. 이야기 속 상그리아의 알코올 도수(부피 기준 알코올 함량비)가 10%라고 가정해보자. 그러면 상그리아 1cm³의 질량은 거의 정확히 0.98g으로, 같은 부피의 물보다 2% 가볍다. 따라서 상그리아가 빨려 올라오는 최대 높이 역시 물이 빨려 올라오는 최대 높이 10.34m보다 2% 더 높다. 요컨대 상그리아가 빨려 올라오는 최대 높이는 10.54m, 상그리아는 물보다 20cm 더 높이 올라온다.

이제 다들 아셨겠지만, 나는 이야기 속의 조건들을 안나에게 결정적으로 유리하도록 교묘하게 맞췄다. 더불어 언급하고 싶은 것은 우리가 계산한 최대 높이들이 실제로는 실현되지 않는다는 사실이다. 왜냐하면 완벽한 진공을 만드는 것은 아이에게나 어른에게나 불가능하기 때문이다. 게다가 내부압력이 특정 한계(물을 빨아올리는 경우에는 약 0.02bar) 아래로 떨어지면, 액체가 증발한다. 그러면 펌프는 증기만 빨아올리게 되고, 액체 기둥은 상승하지 않는다.

공기 바다가 우리에게 가하는 힘도 대단하지만, 우리가 물속에 들어갔을 때 물이 가하는 힘은 더욱 대단하다. 스노클링을 즐기는 사람들은 더 깊이 잠수하면서도 숨을 쉴 수 있게 스노클이 좀 더 길었으면 좋겠다는 말을 종종 한다. 그러나 스노클이 짧은 데는 다 이유가 있다. 길이가 1m인 스노클이 있다고 해보자. 잠수부가 수심 1m까지 잠수하면, 그를 둘러싼 환경의 압력은 기압에다가 1m 높이의 물기둥의 압력을 합한 만큼이 되는데, 이 물기둥의 압력은 cm²당물 100g의 무게, 즉 1N에 해당한다. 그런데 잠수부의 폐는 스노클을 통해 공기와 연결되어 있으므로, 폐의 내부압력은 기압과 같다. 따라서 폐 안팎에 cm^2당 1N의 압력 차이가 발생하고, 이 차이가 가슴의 표면적 전체에 걸쳐 누적되어 잠수부의 폐를 짓누르게 된다. 가슴의 표면적이 $30 \times 30cm^2$라면, 가슴을 누르는 힘은 무려 900N이 된다. 바꿔 말해서 몸무게가 90kg인 사람이 잠수부의 가슴 위에 앉아 있는 것과 같은 상황이 된다. 그런 상황에서 숨을 들이쉬기는 거의 불가능하다. 수심이 2m가 되면, 스노클을 사용하는 잠수부는 폐가 짓눌려 사망할 수 있다. 이 때문에 깊이 잠수할 때는 폐 속으로 고압 공기를 넣어주는 호흡 장치가 필요하다.

현대인에게는 진공에 대한 공포가 없다. 영어권 사람들은 먼지를 빨아들이는 청소기를 '진공청소기vacuum cleaner'라고 부른다. 우리는 식품을 진공 포장하고, 내부가 사실상 텅 빈 유리 진공관을 눈앞에 놓아도 그 너머가 보이는 것을 놀라워하지 않는다. 빛은 소리와 달리 매질이 없어도 퍼져나가므로 진공관 너머가 보이는 것은 당연하다. 그러나 참 묘하게도 지난 100년에 걸쳐 물리학자들은 완벽한 진공은 존재할 수 없다는 결론에 이르렀다.

베르너 카를 하이젠베르크Werner Karl Heisenberg의 불확정성 원리에 따르면, 입자나 복사가 전혀 없는 공간에서도 기본 입자들이 끊임없이 자발적으로 발생하고 소멸한다. 이를 일컬어 '영점 에너지'라고 하는데, 일부 괴짜들은 이 에너지를 이용하려고 애쓴다. 영점 에너지를 끌어다 쓰는 기계가 있다면, 그것은 진정한 의미의 영구 기관(제11화 참조)이겠지만, 주류 물리학의 입장은 회의적이다. 아무튼 자연이 절대적인 공허에 대한 두려움을 지닌 듯하다는 것만큼은 분명한 사실이다.

 클로즈업 물리학 Q

물이 가득 찬 컵의 주둥이에 동그란 판지를 얹고 손으로 누르면서 컵을 거꾸로 세우고 손을 떼면, (대개의 경우) 판지는 떨어지지 않고 물도 컵 속에 머문다. 왜 그럴까? 컵에 물을 반만 채우고 이 묘기를 시도해도 성공할까?

제7화 아들의 방에서

어설픈 앎은 해롭다

마티아스 보르트만은 기분이 언짢다. 그의 아내가 하필 수요일 오후에 진료 약속을 잡았다. 그래서 지금 아이 돌보기는 그의 몫이 되었다. 일곱 살 먹은 아들 레온은 숙제를 끝내고 레고 우주왕복선을 만드는 중이다.

보르트만 가족은 각자의 역할을 분명하게 나눴다. 남편은 프리랜서 투자상담사로서 돈을 벌어오고, 아내는 가사와 육아를 담당한다. 그는 자기 소유의 널찍한 주택에 사무실을 차렸지만 그 사무실의 문을 닫으면 가족의 삶으로부터 완벽하게 분리된다. 아버지는 적어도 월요일부터 금요일까지 하루에 여덟 시간 동안 방해받지 않고 일해야 한다. 그러나 오늘 보르트만은 아들의 방에서 일한다.

그는 구석에, 아동용 플라스틱 의자에 약간 구부정한 자세로 앉아 있다. 오른손에 블랙베리폰을 들었다. 그의 사업세계로 이어진 탯줄과도 같은 그 기계는 2분마다 새로운 이메일이 도착했다고 알려준다. 주가의 변동도 실시간으로 보여준다.

아들이 노래를 흥얼거린다. 조립 설명문을 꼼꼼히 읽는다. 우주왕복선처럼 복잡한 작품을 만들려면 정신을 바짝 차려야 한다. 아들이 아버지를 바라본다.

"아빠, 뭐 좀 물어봐도 돼?"

"으……응."

아버지가 머뭇머뭇 대답한다. 아버지는 지금 온통 이메일에 정신이 팔려 있다.

"왜 여름은 겨울보다 더 더워?"

아들의 질문에 아버지가 블랙베리폰을 내려놓는다.

"그건 아주 간단하지."

자식 교육에 이바지하게 된 것을 새삼 자랑스럽게 여기면서 아버지가 대답한다.

"지구가 태양 주위를 돈다는 건 너도 알잖아. 그런데 지구가 정확히 원 궤도로 도는 게 아니라 타원 궤도로 돌거든. 타원이 뭐냐면, 달걀처럼 길쭉하게 찌그러진 원이야. 지구가 타원 궤도로 돈다는 사실은 요하네스 케플러 Johannes Kepler라는 분이 알아냈단다."

요하네스 케플러라는 이름이 저절로 떠올라 보르트만 자신도 놀랐다.

"그리고 태양은 그 타원의 중심에 있지 않고 약간 치우쳐서 있

어. 그래서 지구는 어떤 때는 태양에 가까이 있게 되고 어떤 때는 태양에서 멀리 있게 돼. 지구가 태양에서 멀리 있을 때가 겨울, 태양에 가까이 있을 때가 여름이란다."

"아하, 그렇구나."

레온은 아버지의 대답에 만족하는 듯하다. 마지막 블록을 끼워 넣어 작품을 완성한 레온이 우주왕복선을 들고 돌아다니며 입으로 엔진 소음을 낸다. 이윽고 우주왕복선을 카펫 위에 부드럽게 착륙시킨다.

"하나 더 물어봐도 돼?"

"물론이지!"

보르트만이 대답한다. 보라, 아버지와 아들이 함께 보내는 오후가 퍽 재미있을 수도 있는 것이다.

"왜 우주정거장에서는 우주인들이 둥둥 떠다녀?"

아들의 커다란 눈망울이 모르는 게 없어 보이는 아버지를 향해 반짝인다.

"아들아, 중력이 뭔지는 너도 알잖니?"

보르트만이 거창하게 운을 뗀다.

"중력은 지구가 끌어당기는 힘이란다. 그런데 중력은 지구의 표면에서 멀리 떨어지면 급격히 줄어들거든. 과학적으로 말하면, 중력은 거리의 제곱에 반비례하지. 그래서 몇천 km 정도만 떨어져도 중력이 느껴지지 않는단다."

"정말? 요만큼도 안 느껴져?"

"그럼, 전혀 안 느껴지지. 너도 텔레비전에서 봤잖니, 우주에서 우주인이 둥둥 떠다니는 장면."

아버지는 한 점의 의심도 허용하지 않는다. 레온은 우주왕복선을 수직으로 세워 다시 한 번 우주로 출발시킨다. 곧이어 조심스러운 동작으로 글라이더처럼 착륙하게 만든다. 그러는 사이에 아버지는 엄지손가락 두 개로 스마트폰을 조작하여 고객에게 메시지를 보낸다.

"아빠?"

이제 보르트만은 일을 방해하는 아들이 약간 귀찮다. 게다가 무중력 상태에 대한 자신의 설명이 정말 옳았는지 의심이 든다. 우주정거장이 얼마나 높이 있지? 하지만 아들은 아버지의 대답을 받아들인 듯하고, 아버지의 권위를 아버지 스스로 허무는 것은 바람직하지 않다.

"응, 왜?"

"마지막으로 하나만 물어볼게."

아들이 말한다.

"우주왕복선이 다시 지구로 내려오면 글라이더처럼 날아가잖아. 그런데 우주왕복선 날개는 짧고 뭉툭해. 어떻게 그런 날개로 날아갈 수 있어? 비행기는 공기보다 훨씬 더 무거운데 왜 안 떨어져?"

"아이고, 그건 어려운데."

아버지가 대답한다. 이제 그는 머뭇거리며 머리를 굴릴 수밖에 없다. 기압과 관련 있는데, 정확히 뭐였더라? 그 네덜란드 물리학자가 누구지…… 그래, 베르누이! 보르트만이 블랙베리폰을 내려놓고 아들의 연필과 공책을 집어든다.

"자, 아빠가 설명해줄 테니 잘 들어보렴. 네 말대로 비행기는 공기보다 무거워. 정확히 말하면 밀도가 더 높지. 그래서 비행기가 떠 있으려면 힘이 필요한데, 그 힘은 이른바 '베르누이의 원리'에 따

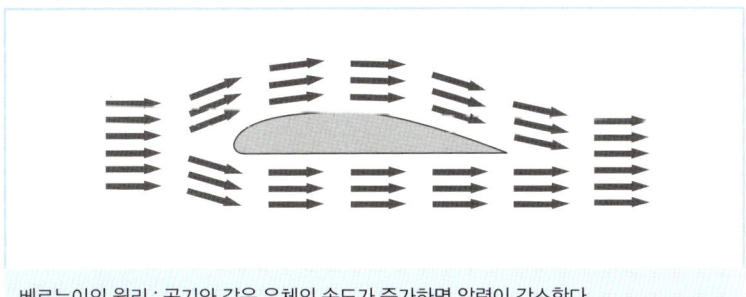

베르누이의 원리 : 공기와 같은 유체의 속도가 증가하면 압력이 감소한다.

라서 발생한단다."

아버지가 공책에 비행기 날개의 단면 윤곽을 그린다.

"진짜 비행기 날개는 레고 블록처럼 우툴두툴하지 않고 매끄럽고, 날개를 세로로 자르면 대충 이런 모양이야. 윗면은 둥글게 휘어져 있고, 아랫면은 평평하지. 그래서 날개 위로 지나가는 공기는 아래로 지나가는 공기보다 더 먼 거리를 이동해야 한단다. 그런데도 아래쪽 공기와 다시 만나려면 위쪽 공기는 더 빨리 흘러가야 하지. 그리고 이건 베르누이라는 분이 발견한 원리인데, 공기가 빨리 흐를수록 공기의 압력은 작아지거든. 따라서 날개 위쪽보다 아래쪽의 압력이 더 커지고, 그 덕분에 비행기가 떠 있을 수 있는 거란다."

"정말? 공기 요만큼 때문에 그 무거운 비행기가 뜬다고?"

레온이 묻는다.

"그렇다니까! 참 신기하지? 그래서 처음에는 다들 기적이라고 생각했어."

마티아스 보르트만은 오늘 하루가 정말 뿌듯하고 만족스럽다. 비록 사업상 해야 할 전화를 몇 통 못하기는 했지만 말이다. 아들에게는 아버지가 필요하다는 생각이 새삼 든다. 아내는 이런 난해한 물리학 질문들에 정확하고도 아이의 눈높이에 맞게 대답하지 못했을 것이 틀림없다.

아들은 다시 레고 우주왕복선을 들고 몇 바퀴 맴을 돈다. 아버지는 다시 엄지손가락으로 블랙베리폰의 자판을 두드린다.

"아빠?"

"그래, 얼마든지 물어보렴."

보르트만이 자상하게 대꾸한다. 이번엔 뭘까? 상대성 이론?

"날개 아래로 지나가는 공기에게 뒤쳐지지 않으려면 자기가 더 빨리 흘러야 한다는 걸 날개 위로 지나가는 공기가 어떻게 알지?"

아버지는 멍해진다.

"아휴, 레온!"

투덜거리면서 아들의 볼을 살짝 꼬집는다.

"넌 왜 그렇게 궁금한 게 많니? 아빠가 설명하면 그냥 그렇구나 하고 들으면 돼."

뉴턴 대 베르누이

겉핥기로 알면, 모르는 것보다 더 위험할 경우가 많다. 보르트만이 레온의 질문을 받고 물리학 용어까지 동원해가며 대답했지만, 그의 대답은 죄다 틀렸다!

계절에 대한 질문과 대답에 대해서는 그냥 넘어가겠다. 보르트만의 설명이 어떻게 틀렸는지 다들 아시리라 믿는다. 그 설명에 문제가 있다는 것은 '2010 FIFA 남아공 월드컵'에서도 알 수 있다. 그 대회 기간에 여기 독일은 여름이었지만 남아프리카공화국은 추운 겨울이었다. 사실 독일과 태양 사이의 거리는 여름보다 겨울에 더 짧다. 태양에서 떨어진 거리는 계절과 아무 상관이 없다. 계절의 참된 원인은 지구 자전축의 기울기이다.

우주정거장과 중력에 관한 이야기는 어떨까? 보르트만의 말마

따나 중력은 거리의 제곱에 반비례한다. 그런데 이 말이 정확히 무슨 뜻일까? 우리가 지구의 표면에 발을 딛고 있을 때, 우리는 지구의 중심(무게중심이기도 하다)에서 약 6500km 떨어져 있다. 지구 표면에서 중력가속도 g는 약 $9.8 m/s^2$이다. 지구의 중심에서 6500km의 x배 만큼 떨어진 곳에서 중력가속도 g_x는 g보다 작으며 아래 등식을 만족시킨다.

$$g_x = g \times \frac{1}{x^2}$$

이 등식을 이용하여 지구에서 멀리 떨어진 여러 지점에서 중력이 얼마나 큰지 계산할 수 있다.

거리가 멀어지면 중력은 실제로 급격하게 줄어든다. 그러나 국

지구 표면에서 떨어진 거리 (단위 : km)	x	중력의 세기(단위 : %) *지구 표면에서의 중력을 100%로 설정함
10	1.001	99.7
100	1.020	97.0
400(국제우주정거장)	1.060	89.0
1000	1.150	75.0
10000	2.500	16.0
100000	16.000	0.4

지구 표면에서 떨어진 거리에 따른 중력의 세기 변화

제우주정거장은 고도 400km에 있고, 그곳에서 중력의 세기는 지구 표면과 비교할 때 여전히 89%에 달한다. 따라서 사람이 그곳에 가면 중력이 작아진 것을 확실히 느낄 수 있겠지만 둥둥 떠다닐 수는 없다.

우주정거장 자체도 공중에 떠 있지 못하고 지구로 떨어져야 마땅하다. 이런 이유 때문에 우주정거장은 공중에 멈춰 있지 않고 일정한 속도로 궤도 운동을 한다. 그 속도는 궤도 운동으로 인해 발생하는 원심력이 지구의 중력과 정확히 같도록 정해진다. 말을 바꿔서 다음과 같이 표현할 수도 있다. 우주정거장은 항상 지구의 중심을 향해 떨어지지만 그와 동시에 그 직각 방향으로 운동한다. 그 결과로 우주정거장은 지구 주위를 돈다.

구체적으로 계산해보자. 지구 주위를 도는 물체가 받는 원심력 F는 아래 공식을 통해 계산할 수 있다.

$$F = m \times \omega^2 \times r$$

ω(그리스어 철자 '오메가')는 이른바 '각속도'이다. 각속도란 속도를 시간당 이동한 거리가 아니라 이동한 각도를 기준으로 측정한 것이다. 이때 각도는 라디안(rad) 단위로 재는데, 한 바퀴

회전, 즉 360°는 2πrad에 해당한다. r은 지구 중심에서 떨어진 거리로 6900km이다.

앞에서도 여러 번 나왔지만, 중력 G는 아래와 같다.

$$G = m \times g_x$$

x가 커지면 중력이 작아진다는 점에 유의하라!
이제 F와 G를 같게 놓으면, 아래 등식들을 얻을 수 있다.

$$F = G$$

$$m \times \omega^2 \times r = m \times g_x$$

$$\omega^2 = \frac{g_x}{r}$$

$$\omega = \sqrt{\frac{g_x}{r}} = \sqrt{\frac{0.89 \times g}{6900000}} = 0.0011$$

마지막 값의 단위는 'rad/s(초당 라디안)'이므로, 결론은 우주정거장이 1초에 0.0011rad만큼 운동해야 한다는 것이다. 이 운동은 아주 미미한 것처럼 보이지만 우주정거장이 지구를 한 바퀴 도는 데 걸리는 시간을 따져보면 그렇지 않음을 알 수 있다. 그 시간을 얻으려면 2π를 위의 값으로 나누면 되는데, 그 결과는

5712초, 대략 1시간 30분으로 실제 국제우주정거장의 공전주기와 일치한다.

이제 비행기에 대한 문제를 살펴보자. 비행기가 공중에 뜨는 원리에 대한 보르트만의 설명은 옳을까? 보르트만이 베르누이를 들먹였으니, 우선 그 물리학자에 대해서 알아보자. 다니엘 베르누이 Daniel Bernoulli는 18세기에 흐르는 액체와 기체를 연구했다. 그것들은 당시의 물리학 수준에서 매우 난해한 연구 대상이었다. 게다가 베르누이가 도달한 결론들의 일부는 우리의 직관을 벗어난다. 가장 중요한 베르누이 방정식에 따르면, 유체(액체나 기체)가 흐르는 속도가 빠를수록, 유체 내부의 압력은 낮아진다. 그런데 수도꼭지를 완전히 열면 물이 빠르게 흘러나오고, 거기에 손을 대면 강한 압력이 느껴진다. 따라서 유체의 속도가 빠를수록 압력이 높아져야 맞는 것 아닐까?

관 속으로 흐르는 물을 생각해보자. 관은 일정한 굵기를 유지하지만 특정한 구간에서만 가늘어진다고 가정하자. 그 구간에서 물은 어떻게 행동할까?

부피가 V이고 모양은 원기둥처럼 생긴 물 덩어리가 왼쪽에서 다가와 병목을 통과한다고 해보자. 뒤쪽에서는 다른 물이 끊임없이 그 물 원기둥을 민다. 또 액체는 압력을 받아도 부피가 사실상 줄어

제7화 아들의 방에서

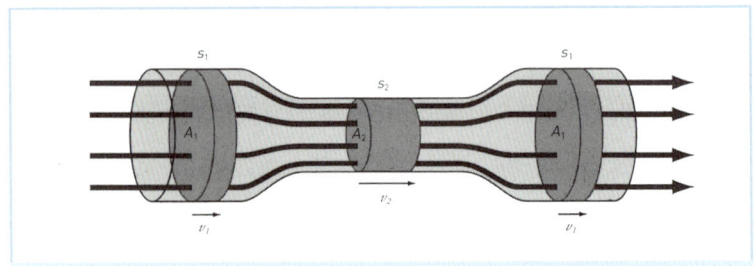

원기둥 형태의 물 덩어리가 가운데가 오목한 관을 통과하는 상황(A_1, A_2 : 관의 단면적, s_1, s_2 : 물 원기둥의 높이, v_1, v_2 : 물의 속도)

들지 않는다. 따라서 물 원기둥은 지름이 줄어들면서 높이가 늘어날 수밖에 없다. 즉, 원래 s_1이었던 원기둥의 높이가 병목 구간에서 s_2로 늘어난다. 또 단위시간 동안 관의 단면을 통과하는 물의 양이 병목 구간에서도 줄어들지 않고 유지되려면, 물의 속도가 병목 구간에서는 더 빨라져야 한다. 다시 말해서 병목 구간에서의 속도 v_2는 원래 속도 v_1보다 더 크다.

이 상황을 정확하게 수식들로 표현해보자. 물 원기둥의 부피는 일정하게 유지된다. 즉, 아래 등식이 성립한다(A_1, A_2는 관의 단면적).

$$A_1 \times s_1 = A_2 \times s_2$$

물의 속도 $v_1 = \dfrac{s_1}{t}$, $v_2 = \dfrac{s_2}{t}$이므로 이를 이용하여 위의 식을 아래처럼 쓸 수 있다.

$$A_1 \times v_1 \times t = A_2 \times v_2 \times t$$

양변을 정리하면 다음을 얻을 수 있다.

$$\dfrac{v_1}{v_2} = \dfrac{A_2}{A_1}$$

요컨대 물의 속도는 관의 단면적이 줄어든 만큼 빨라진다.

그런데 물의 속도가 빨라지려면 에너지가 필요하고, 그 에너지는 느닷없이 생겨날 수는 없으므로 물의 압력에서 나올 수밖에 없다. 바꿔 말해서 병목 구간에서 물의 압력은 다른 곳에서보다 더 낮을 수밖에 없다.

이 설명이 너무 두루뭉술하다고 느끼는 독자들을 위해 엄밀한 수식들을 제시하겠다. 물속의 압력(이른바 '정압static pressure')

은 모든 방향으로 작용한다. 물이 흐르려면 이 정압이 발휘하는 힘을 이겨내야 하고, 그러려면 일을 해야 한다. 일은 힘 곱하기 거리이므로, 아래 등식들이 성립한다(W_1과 W_2는 일, F_1과 F_2는 힘을 뜻한다).

$$W_1 = F_1 \times s_1$$
$$W_2 = F_2 \times s_2$$

힘(F_1과 F_2)은 관의 단면적 곱하기 정압(p_1과 p_2)이다(소시지 내부의 압력을 다루는 제4화 참조). 따라서 다음의 등식들이 성립한다.

$$W_1 = A_1 \times p_1 \times s_1 = V \times p_1$$
$$W_2 = A_2 \times p_2 \times s_2 = V \times p_2$$
$$W_1 - W_2 = V \times (p_1 - p_2)$$

V는 물 원기둥의 부피이며 일정하게 유지된다. 두 구간에서 물 원기둥이 하는 일의 차이 $W_1 - W_2$는 물 원기둥이 얻는 운동 에너지와 같다. 운동 에너지는 $\frac{1}{2}$ 곱하기 질량 곱하기 속도의 제곱이다. 병목 구간 이전에 물 원기둥이 지닌 운동 에너지를 K_1,

병목 구간에서 물 원기둥이 지닌 운동 에너지를 K_2라고 하면, 아래 등식들이 성립한다.

$$K_1 = \frac{1}{2} \times m \times v_1^2$$
$$K_2 = \frac{1}{2} \times m \times v_2^2$$
$$K_2 - K_1 = \frac{1}{2} \times m \times (v_2^2 - v_1^2)$$

위에서 말한 대로 K_2-K_1(물 원기둥이 얻는 운동 에너지)은 W_1-W_2와 같다.

$$W_1 - W_2 = K_2 - K_1$$
$$V \times (p_1 - p_2) = \frac{1}{2} \times m \times (v_2^2 - v_1^2)$$

물 원기둥의 질량(m)은 부피(V) 곱하기 밀도(ρ)이므로, 아래 등식들이 성립한다.

$$V \times (p_1 - p_2) = \frac{1}{2} \times V \times \rho \times (v_2^2 - v_1^2)$$
$$p_1 - p_2 = \frac{1}{2} \times \rho \times (v_2^2 - v_1^2)$$
$$p_1 + \frac{1}{2} \times \rho \times v_1^2 = p_2 + \frac{1}{2} \times \rho \times v_2^2$$

앞의 마지막 등식은 단순화된(위치 에너지를 고려하지 않은) 베르누이 방정식이며, $\frac{1}{2} \times \rho \times v^2$은 동압dynamic pressure이라고도 불린다. 동압은 예컨대 세찬 물줄기가 우리 몸에 부딪힐 때 우리가 느끼는 압력이다. 단순화된 베르누이 방정식의 의미는 정압과 동압의 합이 항상 일정하다는 것이다.

다시 본론으로 돌아가서 비행기 날개가 어떻게 양력을 만들어내는지 살펴보자. 보르트만의 주장은 이러하다. 날개 위로 지나가는 공기는 날개 아래로 지나가는 공기보다 더 긴 거리를 똑같은 시간에 이동하므로 더 빨리 흘러야 하고 따라서 압력이 더 낮아진다. 그러므로 양력이 발생한다. 맨 마지막에 아들이 던진 예리한 질문, 즉 날개 위의 공기가 날개 아래의 공기를 다시 만나야 한다는 것을 어떻게 아느냐는 질문이 대답되지 않았다는 점은 일단 제쳐두더라도, 보르트만의 설명에 따라 발생하는 양력은 비행기를 띄우기에 불충분하다. 내가 계산해보았는데, 날개 위의 공기 경로가 날개 아래의 공기 경로보다 5% 더 긴 경우에 종이로 만든 모형비행기가 보르트만이 설명한 양력으로 공중에 뜨려면 음속의 10배가 되는 속도로 날아가야 한다.

요컨대 비행기가 뜨는 이유에 대한 보르트만의 설명은 옳지 않다. 비록 수많은 어린이 책과 인터넷과 심지어 물리학 교과서에도 그와 똑같은 설명이 나오지만 말이다. 어떤 이들은 다른 이론을 채택하여 이렇게 말한다. 비행기가 날아가는 원리를 이해하려면 베르누이가 아니라 뉴턴을 알아야 한다. 더 정확히 말해서 작용과 반작

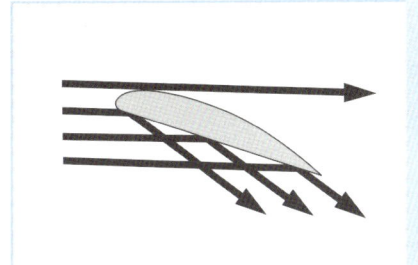

비행기 날개는 수평으로 놓여 있지 않고 항상 약간 비스듬히 놓여 있다.

용의 법칙을 알아야 한다(제3화 참조). 이들은 비행기 날개가 수평으로 놓여 있지 않고 항상 약간 비스듬히 놓여 있어서 공기가 날개의 밑면을 때린다고 지적한다. 공기 입자들은 미세한 당구공들처럼 날개에 부딪혀 튕겨지고, 이때 위쪽으로 향한 힘이 발생한다. 이 힘은 누구나 직접 체험할 수 있다. 자동차를 타고 가면서 창밖으로 손을 내밀어보라. 처음에는 손바닥이 똑바로 아래를 향하게 했다가 손의 각도를 조금씩 바꿔보라. 손의 자세가 수평을 벗어나면, 바람 때문에 손이 위쪽이나 아래쪽으로 밀릴 것이다.

이 이론은 몇 가지 점에서 일리가 있다. 베르누이만 가지고는 예컨대 라이트 형제Wright brothers가 만든 최초의 비행기가 어떻게 날아올랐는지 설명할 수 없다. 그 비행기는 날개의 단면이 단순해서 날개 아래 공기 경로와 날개 위 공기 경로의 길이가 같았다. 게다가 에어쇼에서는 뒤집힌 자세로 날아가는 비행기가 거의 늘 등장한다. 베르누이의 이론만 생각하면, 그런 비행기는 땅을 향한 양력을 받을 것이므로 추락해야 마땅하다. 반면에 뉴턴의 설명에 따르면, 받음각

angle of attack(날개가 수평 방향에 대하여 기울어진 각도-옮긴이)만 잘 맞춘다면 심지어 헛간 문짝도 날아가게 만들 수 있다.

그렇다면 베르누이와 뉴턴 중에 누가 옳을까? 두 물리학자의 명예를 훼손하지 않기 위해 질문을 정확하게 다듬자. 이들은 비행기를 연구하지 않았다. 이들이 발견한 자연 법칙들은 옳다. 다만 문제는 이것이다. 누가 발견한 자연 법칙이 비행기에 적용될까? 대답은 베르누이의 법칙과 뉴턴의 법칙이 둘 다 적용된다는 것이다. 먼저 날개를 스치는 공기의 흐름이 실제로 어떠한지 살펴보자.

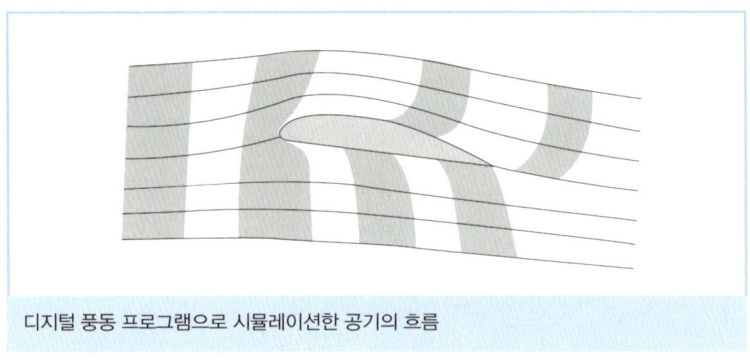

디지털 풍동 프로그램으로 시뮬레이션한 공기의 흐름

위의 그림에서 다음을 알 수 있다.

- '공기 꾸러미들parcels of air'이 날개 위에서 더 길어지고 더 얇아진다. 이는 날개 위에서 공기 꾸러미들의 속도가 증가하고 압력이 낮아짐을 의미한다. 요컨대 날개 위에서는 실제로 양력이

발생한다. 베르누이의 법칙이 옳다!
- 날개를 감싼 공기 전체가 움직인다. 처음에는(날개에 공기가 처음 닿을 때는) 약간 위로 움직이지만 곧이어 방향이 바뀌어 전체적으로 아래로 움직인다. 이 작용의 결과로 반작용이 발생한다. 즉, 날개를 위로 미는 힘이 발생한다. 뉴턴의 이론이 옳다!
- 하지만 가장 눈에 띄는 점은 이것이다. 날개 앞에서 두 갈래로 나뉜 공기 입자들은 날개 뒤에서 다시 만나지 않는다. 공기 입자들은 나중에 다시 만나자는 비밀 약속 따위를 하지 않는다. 오히려 날개 위로 지나가는 공기가 '우회로'를 거침에도 불구하고 날개 아래로 지나가는 공기보다 훨씬 더 빠르게 날개 뒤에 도달한다. 실제로 날개 위 공기는 아래 공기보다 최대 두 배까지 빠를 수 있다.

날개를 스치는 공기가 더 빨라지는 것이 날개의 단면 모양 때문만이 아니라는 사실은 다른 비행 상황들(예컨대 뒤집힌 날개, 또는

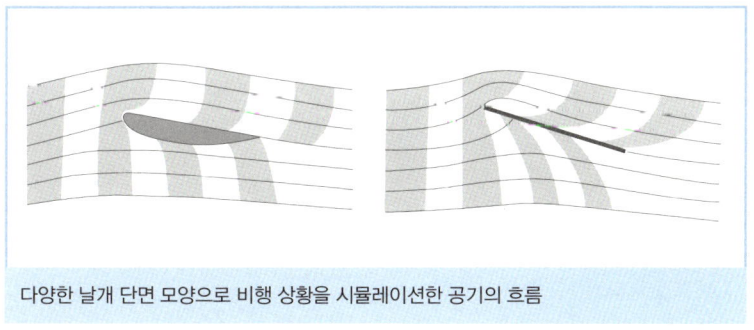
다양한 날개 단면 모양으로 비행 상황을 시뮬레이션한 공기의 흐름

'날아가는 헛간 문짝')을 모의한 시뮬레이션에서도 드러난다.

무엇보다 받음각이 중요하다는 사실은 단면 모양이 아예 유선형이 아닌 날개에서 가장 잘 알 수 있다. 받음각은 어떻게 양력에 기여할까? 이 질문에 답하려면, 비행기 날개 주위의 공기 흐름을 세 갈래로 구분하는 것이 가장 좋다. 그 세 갈래는 날개 아래로 지나가는 하층 공기, 날개의 앞 모서리에 부딪히는 중층 공기, 날개와 접촉하지 않는 상층 공기이다.

하층 공기는 이미 언급한 뉴턴의 법칙에 따른다. 공기의 흐름은 방향이 꺾이고, 작용과 반작용의 법칙에 따라서 날개는 위쪽으로 충격을 받는다. 하층 공기에서 압력 차이가 하는 역할은 거의 없다.

상층 공기는 날개와 아무 상관없이 지나갈 수도 있겠지만, 그러면 비스듬히 놓인 날개 위쪽 근처에 진공이 형성될 것이다. 이는 날개 위쪽 근처의 압력이 주위보다 낮아짐을 의미한다. 따라서 상층 공기는 아래쪽으로 방향을 틀면서 가속되고, 날개는 빨려 올라간다. 즉, 양력이 발생한다. 이렇게 상층 공기가 날개 표면에 달라붙는 원

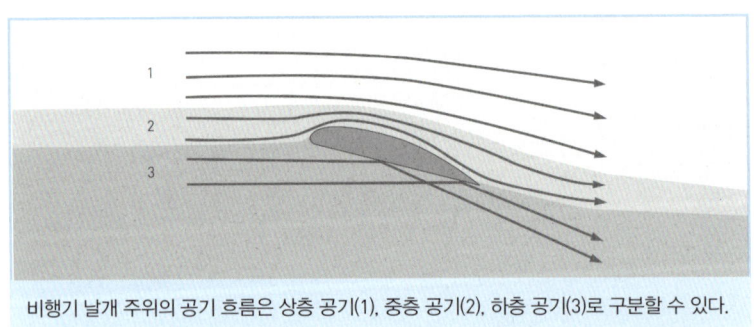

비행기 날개 주위의 공기 흐름은 상층 공기(1), 중층 공기(2), 하층 공기(3)로 구분할 수 있다.

인으로 흔히 '코안다 효과coanda effect'가 거론된다. 코안다 효과란 흐르는 유체가 볼록하게 휘어진 표면에 말 그대로 달라붙는 현상을 말한다. 그러나 코안다 효과까지 들먹이는 복잡한 설명은 이 맥락에서 전혀 불필요하다.

마지막으로 중층 공기, 곧 날개 앞 모서리에 직접 부딪혀서 날개 표면을 스쳐 지나가는 공기는 베르누이의 법칙을 따른다. 이 공기 흐름에서 공기 입자들은 직선 경로를 벗어나며 날개와 상층 공기 사이에 끼인다. 공기 입자들은 더 좁아진 통로를 지나면서 가속되고, 압력은 낮아진다. 결과적으로 주위보다 낮은 압력이 형성되어 양력이 발생한다.

대체로 타당한 규칙에 의하면, 전체 양력의 $\frac{1}{3}$ 정도는 하층 공기가, 나머지는 중층 공기와 상층 공기가 산출한다. 날개의 단면 윤곽이 곡선인 것은 우연이 아니다. 그러나 그 곡선의 일차적인 효용은 공기 저항을 줄이는 것이다. 그런 단면을 가진 날개는 평평한 판자보다 더 유선형에 가까워서 마구잡이 흐름(난류亂流)의 발생을 억제한다. 마구잡이 흐름은 앞의 '헛간 문짝' 시뮬레이션에서도 대략적으로 나타난다. 지금까지 우리가 논한 모든 내용은 이른바 '층류', 곧 난류가 아닌 얌전한 흐름에 대해서만 타당하다. 난류와 회오리바람은 모든 조종사에게 공포의 대상이다.

흐름은 물리 현상 가운데 가장 복잡한 축에 든다. 우리가 이 장에서 펼친 논의는 공기 역학의 법칙들을 살짝 건드려본 수준에 지나지 않는다. 더군다나 실제 흐름들은 그 법칙들보다 훨씬 더 복잡하다. 그러나 우리의 설명은 적어도 한 가지 장점이 있다. 그것은, 공기 입자들이 날개 앞에서 헤어졌다가 날개 뒤에서 다시 만나는 지적인 존재들이라고 주장할 필요가 없다는 점이다.

 클로즈업 물리학 Q

지상에서 발사한 총알이 땅에 떨어지지 않고 지구를 한 바퀴 돌아 총을 쏜 사람의 등을 맞추려면 총알이 얼마나 빨리 날아가야 할까? 공기의 저항을 무시하고 계산해보라.

2부
상상 그 이상의 물리

쌍둥이 누나의 회춘

역설적인 시간여행

인류대표가 돌아오자 바이코누르기지는 흥분에 휩싸인다. 그녀는 외계문명과 직접 만난 최초의 인간이다. 외계인과 몸소 접촉한 최초의 인간. 전 세계가 이목을 집중한다. 하지만 우주선이 출발할 때에 비하면 흥분은 눈에 띄게 가라앉은 상태다.

　인류대표는 앨리스 윌슨이라는 미국 여성이며 나이는 38세이다. 신분증에 그렇게 적혀 있다. 그러나 생물학적으로는 34세인데, 이 얘기는 나중에 다시 하겠다. 그녀는 11년 동안 이제껏 어떤 인간도 해보지 못한 여행을 누렸다. 그녀는 (북한을 제외한) 지구 상의 241개 국에 사는 80억 인류를 대표해서 우주여행에 나섰다. 사상 처음으로 외계인을 직접 만나기 위해 출발했던 것이다.

　2020년에 알파 센타우리 B에서 지적인 생명의 신호가 포착되었다. 캘리포니아의 SETI('search for extraterrestrial intelligence'의 약자로 외계지능탐사를 의미) 연구자들조차도 깜짝 놀랐다. 외계문명을 찾아 헤매며 60년을 허송세월한 끝에 하필이면 지구에서 가장 가까운 별에서 외계문명의 신호가 포착되다니. 알파 센타우리 B는 우리 태양계에서 겨우 4광년 정도 떨어져 있다. 실제로 거기까지 날아가서 직접 외계문명과 접촉하는 것이 적어도 이론적으로 가능하다.

포착된 신호 자체는 제대로 된 메시지가 아니라 잡동사니 데이터였다. 아마도 어떤 텔레비전 프로그램이나 무선통신의 일부가 우주로 흘러나온 듯했다. 그 신호를 해독하는 것은 불가능했지만 한 가지만큼은 확실했다. 그것은 확실히 누군가가 만든 신호였고 정보를 담고 있었다.

곧바로 이튿날에 세계안전보장이사회가 소집되었고, 놀랍도록 신속한 토론을 거쳐 며칠 만에 인류는 역사를 통틀어 가장 중요한 이 발견 앞에서 다음과 같이 공동으로 대처하기로 합의했다. 첫째, 응답을 보낸다. 둘째, 그곳으로 날아간다.

응답은 인류가 과거에 우주로 쏘아 보냈던 것과 비슷한 신호들로 구성되었다. 우리가 포착한 메시지와 같은 주파수로 간단한 수학 공식들, 피타고라스 정리, 원소 주기율표를 송출했다. 알파 센타우리 B에 사는 누군가가 그 신호를 포착하고 해독하기를 바라는 마음에서였다. 더 복잡한 메시지, 이를테면 "우리가 간다!"라는 식의 메시지를 보내는 것은 우리와 외계인의 공통 언어가 없는 탓에 불가능했다.

대화를 시도했더라면, 정말 고달팠을 것이다. 우리의 메시지는 4년이 지난 뒤에야 상대에게 도착했을 테고, 상대의 대답을 들으려면 8년을 기다려야 했을 것이다. 그런 식으로 8년이 걸리는 과정을 여러 번 반복하면서 공통 언어를 개발해야 했을 테고, 그런 다음에야 비로소 실질적인 정보를 주고받을 수 있었을 것이다. 이 고달픈 과정을 감수할 수는 없다. 인류가 거기로 가야한다, 라고 유엔총회도 판단했다. 유엔사무총장 아웅 산 수 치Aung San Suu Kyi가 열정적으로 연설했다. 과거에 존 F. 케네디John F. Kennedy가 미국의 달 탐사 계획을 선포하던 장면을 여러모로 연상시키는 연설이었다. 케네디와 마찬가지로 버마 출신의 여성 유엔사무총장은 계획을 완수하는 데 필요한 기간을 10년으로 설정했다. 이번 계획은 전 세계를 위해서 추진될 것이었다.

'알파 프로젝트'를 위한 본부는 주네브의 유럽원자핵공동연구소 바로 옆에 설치되었다. 왜냐하면 필요한 기술이 그 연구소에서 나오기 때문이었다. 내다볼 수 있는 미래에 알파 센타우리 B로 가는 여행을 실현하려면 기술의 비약적인 발전이 필요했다. 당시에 가장 빠른 항성 간 여행용 탈것은 60년대에 발사된 파이오니어 탐사선이었다. 행성들의 인력을 추진력으로 삼아 63000km/h의 속도로 날아가는 그 탐사선으로 알파 센타우리 B에 가려면 7만 년이 걸릴 것이었다. 그것은 터무니없이 긴 시간이므로 새로운 추진 장치가 반드시 필요했다.

이후 10년이 지나기 전에 유럽원자핵공동연구소의 기술자들은 드디어 물질-반물질 엔진을 실용화 단계까지 개발하는 데 성공했다. 그 엔진을 장착한 우주선은 최고 속도 광속의 80%로 날아가 빛이나 전파보다 겨우 1년 늦은 5년 만에 알파 센타우리 B에 도착할 것이었다.

그 혁명적인 우주선은 주로 중국 기술자들에 의해 제작되었다. 그런데 누가 여행에 나서야 할까? 오로지 한 명이 떠나야 한다는 것은 이미 합의된 상태였다. 왜냐하면 여러 사람이 비좁은 우주선 안에서 5년 동안 갇혀 지내면 심각한 갈등이 일어날 위험이 크다고 심리학자들이 경고했기 때문이었다.

인류를 대표할 자격이 있는 사람이 누구인가를 놓고 벌어진 외교 협상이 모두 무위로 돌아가고 어떤 강대국도 물러설 기미를 보이지 않자, 리얼리티 쇼를 통해 인류대표를 선발하는 방안이 유엔사무총장의 제안으로 채택되었다. 전 인류가 휴대전화와 인터넷을 통해 원하는 후보에게 표를 던질 수 있게 하자는 것이었다. 수백만 명이 후보로 자원했고, 엄격한 신체검사를 통과한 남녀 수천 명이 쇼에 참여했다. 높은 시청률을 자랑하는 쇼가 회를 거듭할수록, 후보들의 수는 점점 더 줄어들었다. 후보들은 서바이벌 과제들도 해결해야 했고 아주 낯선 언어를 쓰는 사람들과도 소통해야 했다. 그리고 모든 평론가의 예상을 깨고 결국 쌍둥이 두 명이 남았다. 그들은 미국 버지니아 주 출신, 27세의 앨리스 윌슨과 밥 윌슨이었다. 국제적으로 그리 호감을 받지 못하는 미국의 대표 두 명이 결승에 진출한 것은 믿기 어려운 결과였다. 여전히 많은 이가 서양식 아름다움을 선호하기 때문에 모델 같은 몸매에 금발을 지닌 앨리스와 근육질에 턱 선이 뚜렷한 밥에게 표를 던진 듯했다.

쌍둥이 남매의 결승전은 눈물바다였다. 두 사람 다 자신의 피붙이를 밀어내고 싶지 않다고 강조했지만, 우주여행은 한 명만의 몫이었다. 인류는 앨리스를 선택했고, 밥은 위로의 선물로 지상에 머물면서 점점 더 멀어지는 우주선과 전파로 소통하는 통신소의 소장직을 얻었다. 일단 목표 지점까지 가는 데 5년이 걸릴 것이었다. 이어서 앨리스는 태양과 지구 사이의 거리와 비슷한 거리를 두고 알파 센타우리 B를 도는 행성을 1년 동안 둘러보면서 최대한 많은 정보를 수집하고, 다시 5년 동안 날아서 지구로 돌아올 계획이었다.

당연한 일이지만, 처음부터 많은 사람이 '쌍둥이 역설'을 들먹였다. 아인슈타인의 상대성 이론에 따르면, 이 여행이 끝났을 때 밥은 지금보다 11년 더 늙겠지만 앨리스는 7년만 더 늙을 것이었다. 상대성 이론에 관한 인터넷 강의가 큰 인기를 끌고, 많은 이가 아인슈타인의 이론을 더 확실하게 검증하기 위해서 일란성 쌍둥이를 보냈으면 하고 바랐다.

앨리스 윌슨은 2029년 11월 20일, 수십억 인구가 생중계로 지켜보는 가운데 마지막으로 남동생과 포옹한 뒤 우주선 이글 2호에 탑승했다. 그 순간, 인류 역사를 통틀어 처음으로 거의 모든 지구인이 텔레비전을 지켜보았다. 그 장면은 월드컵 결승전이나 60년 전의 달 착륙보다 더 강한 흡인력을 발휘했다.

지구 전역의 모든 도시와 마을에서 사람들은 일손을 놓았다.

사람들은 곳곳에 설치된 대형 스크린과 술집과 식당으로 모여들어 인류대표의 출발을 생중계로 지켜보았다.

　　우주선은 불덩이처럼 솟아올라 바이코누르기지 상공의 짙은 구름 속으로 사라졌다. 그리고 알파 프로젝트와 앨리스와 외계인은 사람들의 관심에서 멀어졌다.

　　앨리스가 매주 전하는 영상 메시지의 시청률은 점점 낮아졌다. 사실 특별히 전할 이야기도 없었다. 어느새 우주선에서는 3년이 지나고 지구에서는 5년이 지났다. 지구인들은 지구의 문제로 눈을 돌렸다. 예컨대 점점 더 심해지는 지구온난화를 인공 구름으로 완화하는 방안을 강구하기 시작했다. 특별한 메시지는 9년 뒤에야 비로소

전파를 타고 도착했다. "이글 2호가 착륙했습니다!" 판도라에서 최초로 촬영한 동영상도 함께 전송되었다. 판도라는 사람들이 옛날 영화 〈아바타〉를 연상하면서 이글 2호가 착륙할 행성에 붙인 이름이다.

　　밥은 전파를 타고 날아온 동영상을 보면서 묘한 기분이 들었다. 그 동영상은 4년 동안 날아왔다. 어쩌면 누나는 벌써 오래전에 죽었을지도 모른다. 외계인들이 자기네 세상에 들어온 침입자를 포용하지 않고 살해했을지도 모른다. 아니 어쩌면 누나가 판도라에서 촬영한 동영상을 밥이 보고 있는 지금, 누나는 원래 계획대로 귀환하는 중일지도 모른다.

　　앨리스는 판도라에서 최대한 평화롭게 행동하라는 엄격한 지침을 받고 떠났다. 온갖 선물을 지참했고, 외계인들이 청각을 소유했을 경우를 대비해서 지구의 위대한 음악들도 녹음해서 가지고 떠났다. 그러나 음악도 영화도 책도 무용지물이었다. 그녀가 우리 문화의 성과들을 건네줄 외계인이 없었기 때문이다.

　인류대표는 그 메마른 행성 북반구의 암석지대를 착륙 지점으로 선택했다. 그곳은 특이한 전파신호들이 특별히 많이 송출되는 장소였다. 그러나 도시처럼 보이는 풍경은 아무리 찾아도 보이지 않았다. 그녀는 지구의 도로망과 비슷한 것을 발견했다. 그 도로에서 기계들이 돌아다니기까지 했다. 자동으로 움직이는 듯한, 바퀴 달린 로봇들이었다. 그녀는 만전을 기하기 위해 우선 자동 로봇을 내보냈고, 그녀의 로봇은 현지의 로봇들 중 하나와 부딪칠 뻔했다. 현지의 로봇들은 그녀의 로봇을 철저히 무시했다. 나중에 직접 탐사에 나선 그녀도 똑같은 대접을 받았다. 로봇들은 암석을 운반하는 듯했다. 몇몇 곳곳에 있는 거대한 문을 통과하여 지하로 사라졌다. 앨리스는 그 지하 세계를 들여다보려고 1년 내내 애썼지만 헛수고였다. 그녀의 차량이 문에 접근할 때마다 도로가 차단되었다. 한번은 그녀가 우주복을 입고 걸어서 문에 접근했는데, 하마터면 로봇들에 깔려 죽을 뻔했다.

　그러나 판도라의 로봇들이 앨리스에게 관심을 보인 것은 1년을 통틀어 그때가 유일했다. 그녀는 수많은 전파신호를 보냈지만 어떤 응답도 돌아오지 않았다. 일찍이 지구에서 포착한 외계인들의 전파신호는 보아하니 이 로봇들이 서로 주고받는 신호였다. 그들은 그저 그렇게 신호를 주고받으며 온종일 돌아다니기만 했고, 앨리스는 (4년 뒤에 지구의 과학자들도) 어떤 규칙성도 발견할 수 없었다.

이곳은 도대체 어떻게 되어먹은 세상이란 말인가? 로봇들은 지적인 존재가 만든 작품인 듯했다. 그럼 로봇 제작자들은 어디에 있는 것일까? 이 척박한 행성의 지하에 숨어 있을까? 이곳은 지하자원을 채취하기 위해 로봇들만 거주하는 식민지일까? 혹시 외계인들은 일찌감치 떠나고 그들이 만든 로봇들만 남아서 태양 에너지를 흡수하고 서로의 고장을 수리하면서 아무 의미 없이 계속 돌아다니는 것이 아닐까? 탐사 기간이 길어질수록 앨리스의 입장은 마지막 가능성을 받아들이는 쪽으로 기울었다.

마지막 몇 주 동안 앨리스는 시료를 채집했다. 가져갈 가치가 있는 것들이 많지는 않았다. 암석 표본 두세 점, 금속제 기계 부품 몇 점, 정체는 모르겠으나 로봇들에서 떨어져 나온 듯한 인공물 한 점을 채집했다. 그 후 그녀의 우주선은 예정대로 이륙하여 지구로 귀환하기 시작했다. 이 귀환은 그녀의 입장에서 3년에 달하는 긴 여정이었지만, 앨리스가 지구에 도착한 시점은 그녀가 판도라에서 촬영한 마지막 영상이 지구에 도착한 시점보다 겨우 1년 뒤이다. 수만 명이 그녀를 향해 환호하고, 인류대표가 무사히 돌아온 것을 온 세상이 기뻐한다. 이제 그녀는 34세, 그녀의 쌍둥이 동생은 38세이다. 이류잡지들은 그녀가 고된 여행을 한 탓에 출발 때보다 11년은 더 늙어 보이지 않느냐를 놓고 논쟁한다. 그러나 분위기는 가라앉은 편이다. 인류는 낯선 외계문명과 접촉하기 위해 길을 나섰지만, 결국 대답보다 질문을 더 많이 얻었다. 외계인들은 눈에 띄지 않았다. 암석 표본과 기이한 인공물들을 분석한다고 해도 상황이 많이 달라지지는 않을 것이다.

밥은 누나와 다시 포옹할 수 있어서 기쁠 따름이다. 앨리스가 리얼리티 쇼에서 이겼을 때 밥이 느낀 질투심은 사라진 지 이미 오래다. 남매는 우주선에서 통제센터로 이어진 통로로 함께 내려오면서 그 길이 무대로 오르는 계단 같다고 느낀다. 밥이 앨리스에게 속삭인다.

"누나가 좀 더 자주 연락을 했으면 좋았을 텐데. 나한테 매년 생일 축하 인사를 하겠다고 약속했었잖아."

"밥, 너도 알다시피, 너는 생일을 열한 번 맞이했지만, 난 네 생일을 일곱 번밖에 맞이하지 못했어."

쌍둥이 누나가 대답한다.

"그건 그렇지만, 처음 10년 동안에는 누나의 생일 축하 인사를 겨우 네 번 받았다고. 누나도 그걸 뒤늦게 알아채고 그 다음번 인사들은 서둘러 보냈던 것 아냐?"

밥은 정말로 서운한 모양이다.

"밥! 아인슈타인의 상대성 이론을 벌써 다 잊어버린 거니?"

이제 밥보다 어려진 누나가 웃으며 말한다.

"네 말도 옳고 내 말도 옳아. 내가 나중에 다시 한 번 설명해줄게. 아무튼 지금 당장은 환영 행사를 즐기기로 하자."

광선을 타고 날아가기

이 이야기에 등장하는 공간과 시간에 관한 몇몇 언급은 우리의 일상

경험과 상충한다. 광속에 가까운 속도에서는 참으로 신기한 일들이 일어나기 때문이다. 그런 속도에서 공간은 짧아지고 시간은 늘어나며 '동시同時'라는 개념은 무의미해진다. 이 통찰은 알베르트 아인슈타인Albert Einstein이 1905년에 발표한 특수 상대성 이론에서 유래했다. 천재적인 특허청 직원이었던 아인슈타인이 아주 짧은 논문을 통해 제시한 그 이론의 일부 귀결들은 몽상적인 듯하지만 여러 실험을 통해 입증되었으므로 확실한 지식으로 간주할 수 있다.

그러나 그 신기한 세계에 뛰어들기에 앞서 전통적인 물리학 법칙들이 지배하는 익숙한 세계를 잠시 살펴보자. 간단히 말해서 물체들이 비교적 느리게 움직이는 세계 말이다. 이때 '느리다'는 개념은 파이오니어 탐사선의 속도인 63000km/h도 포함할 정도로 외연이 넓다.

가장 먼저 지적해야 할 것은 등속 직선 운동과 정지는 물리적으로 구분할 수 없다는 사실이다. 역에서 열차를 타고 옆 선로의 열차를 바라보면 이 사실을 확인할 수 있다. 두 열차가 서로에 대하여 상대적으로 움직이면, 내 열차가 움직이는지 아니면 다른 열차가 움직이는지 헷갈릴 때가 많다. 물리학에서는 이런 상태에 있는 물리 시스템, 곧 외력을 받지 않고 가속을 겪지 않는 시스템을 일컬어 관성계라고 하는데, 특수 상대성 이론은 한 관성계의 좌표들을 다른 관성계의 좌표들로 변환하는 방법을 알려준다.

특수 상대성 이론은 '시공'이라는 개념을 토대로 삼는데, 시공이란 공간 차원 셋과 시간 차원 하나로 이루어진 수학적인 4차원 구조물이다. 그런데 4차원은 상상하기 어렵고 3차원만 해도 종이 위에 그림으로 표현하기가 쉽지 않으므로, 시공을 표현할 때 우리는 일단 공간 차원 2개를 제쳐둔다. 그러면 공간은 직선 하나로 표현되고, 공간에서의 운동은 그 직선을 따라 양 방향으로 움직이는 것으로 표현된다. 이 표현 방법은 앨리스의 우주여행을 기술하기에 충분하다. 왜냐하면 앨리스의 여행은 판도라 행성에 갔다가 돌아오는 왕복 운동이기 때문이다. 이 같은 하나의 공간 차원에 시간 차원을 추가하면, 이 세계에서 일어나는 모든 일을 이른바 '시공 도표space-time diagram'로 나타낼 수 있다. 시공 도표에서 수평축은 공간을, 수직축은 시간을 나타낸다. 따라서 우주선이 지구를 떠나는 과정은 다음과 같이 표현된다.

처음에(시간좌표 0에서) 우주선과 지구는 공간좌표 0에 함께 있다. 이어서 우주선이 일정한 속도 v로 지구에서 멀어진다. 그러려면 우주선이 속도 0에서 v까지 가속해야 한다는 사실은 무시하기로 하

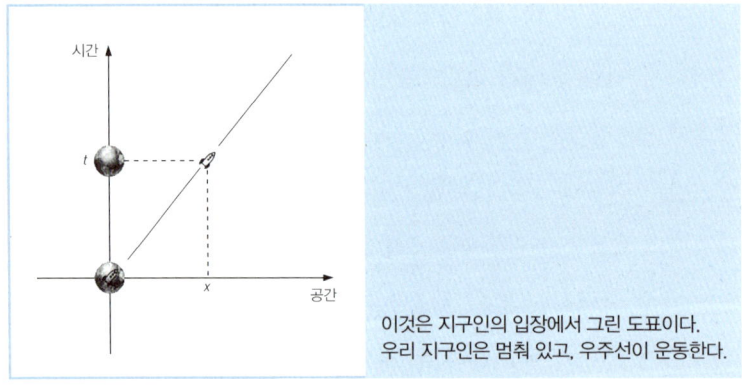

이것은 지구인의 입장에서 그린 도표이다.
우리 지구인은 멈춰 있고, 우주선이 운동한다.

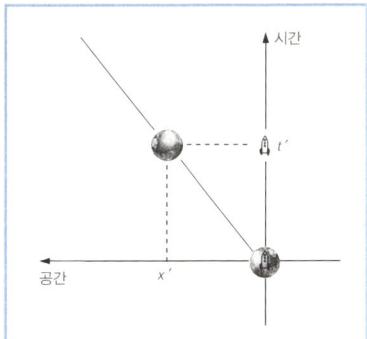

한편 우주선 조종사는 다른 도표를 내놓는다. 그는 자신의 우주선이 멈춰 있고 지구가 운동한다고 간주할 수 있다.

자. 일정한 시간 t가 지났을 때, 지구는 여전히 원래의 위치, 즉 공간좌표 0에 있는 반면, 우주선은 공간좌표 x에 도달한다.

한 좌표계(지구가 멈춰 있다는 입장)에서의 사건을 다른 좌표계(우주선이 멈춰 있다는 입장)에서의 사건으로 어떻게 변환할 수 있을까? 우리의 태양계가 중앙에 멈춰 있다는 입장을 취하면, 알려진 속도 v에 의거하여 우주선의 이동거리를 계산할 수 있다. 거리는 속도 곱하기 시간이다. 즉, 아래 등식이 성립한다.

$x = v \times t$

반대로 우주선이 멈춰 있다는 입장을 취하면, 지구가 정반대의 속도($-v$)로 움직이는 셈이다. 그러므로 이 두 번째 좌표계의 공간좌표 x'과 시간좌표 t'은 다음 등식을 만족시킨다.

$$x' = -v \times t'$$

t'은 정확히 무엇일까? 우주선에 실린 시계로 측정한 시간이다. 더 나아가 전통적이고 '순박한' 세계관에서 t'은 절대시간이다. 다시 말해 지구에서 측정한 시간과 일치한다. 이 세계관을 채택하면, $t = t'$이라고 전제할 수 있다.

다음 사실에 유의하라. 대각선 구간은 수직선 구간보다 길지만, 대각선 구간을 따라 이동할 때 흐르는 시간은 수직선 구간을 따라 이동할 때 흐르는 시간보다 더 길지 않다. 시공 도표에서 구간의 길이는 시간의 길이를 의미하지 않는다.

지금까지 이야기를 모두 합리적이라고 인정하더라도, 우주선을 세계의 중심으로 삼는 입장이 과연 유의미한지 의심하는 것은 충분히 가능하다. 이 입장은 지구를 중심에 놓고 행성들로 하여금 아주 복잡한 궤도로 지구 주위를 돌게 만든 클라우디오스 프톨레마이오스Claudios Ptolemaeos의 우주관을 연상시킨다. 물리학적으로 보면, 프톨레마이오스의 우주관은 아무 문제가 없다. 단지 태양을 중심에

놓는 우주관이 훨씬 더 단순할 뿐이다.

아인슈타인의 유명한 사고실험들 중 하나는 다음과 같은 질문에서 출발한다. 광선을 타고 날아가면 어떻게 될까? 질문을 좀 더 다듬으면 이러하다. 지구에서 빛의 속도로 멀어지는 우주선에 탄 사람이 전등을 켜서 모든 방향으로 광선을 쏘아 보낸다고 하자. 광선들은 언제 어디에 도달할까? 멈춰 있는 물체에서 나온 빛은 모든 방향으로 퍼져 (중간에 장애물이 없다면) 언젠가는 세상 모든 곳에 도달한다. 그런데 '멈춰 있다'와 '일정한 속도로 운동한다'는 원리적으로 동일한 말이다. 우주선의 입장에서는, 빛은 공간에서 광속으로 퍼져나가 차츰 공간 전체를 채운다. 그런데 이와 동시에 지구도 광속으로 우주선에서 멀어진다. 따라서 빛은 영원히 지구 너머로 나아갈 수 없다. 요컨대 우주선이 출발한 지점(지구)에 일종의 '빛 장벽'이 세워져 있는 것과 마찬가지다.

이것은 참으로 기이한 상황이다. 무엇보다 먼저 지적할 점은,

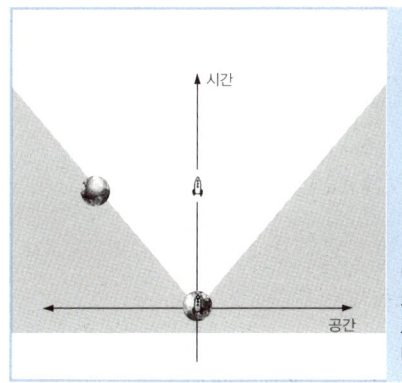

이것은 우주선의 입장에서 멀어지는 지구와 퍼져나가는 빛을 그린 도표이다. 이 도표에서 시간축의 1년은 공간축의 1광년에 대응한다.

자연에 있는 아주 빠른 물체들에서도 이런 상황은 관찰되지 않는다는 사실이다. 이 문제를 피하기 위해 '에테르'로 채워진 절대공간을 도입하고 빛의 속도는 그 에테르를 기준으로 측정해야 한다는 설명을 채택할 수도 있겠지만, 그러면 우주선이 자신의 빛과 같은 속도로 날아가서 마치 초음속 비행기가 '음속 폭음'을 만들어내듯이 '광속 폭광'을 만들어내야 할 터이므로, 이것 역시 그럴 듯한 설명은 아니다. 19세기가 저물어가고 20세기가 밝아오던 시기에 물리학자들은 이 문제를 놓고 고심했다. 그리고 아인슈타인은 시간이 상대적이라고 선언함으로써 단박에 문제를 해결했다. 어디에서나 똑같이 흐르는 절대시간의 개념을 버리면, 모든 문제가 해결된다.

지구에서 보면, 앨리스의 여행은 처음에 '전통적인' 여행과 다를 바 없게 보인다. 우주선은 광속의 0.8배 속도로 지구에서 멀어져서 5년 만에 4광년을 주파하여 판도라 행성에 착륙한다(그러나 지구에서 망원경으로 우주선을 관찰한다면, 우주선의 착륙을 5년 뒤가 아니라 9년 뒤에야 보게 된다. 우주선이 착륙했다는 정보는 어떤 식으로 전달되든 간에 신호의 이동 시간 때문에 9년 후에야 지구에 도착한다).

한편, 우주선 조종사의 관점을 채택하면 상대성 이론이 필요해진다. 바꿔 말해서 이른바 로렌츠 변환 공식들을 이용해야 한다. 우리는 저 위에서 살펴본 '전통적인' 변환 대신에 로렌츠 변환을 채택하여 한 관성계의 좌표들을 다른 관성계의 좌표들로 바꿔야 한다. 로렌츠 변환 공식들은 아래와 같다.

$$x' = \gamma \times (x - v \times t)$$
$$t' = \gamma \times (t - \frac{v}{c^2} \times x)$$

그리스어 철자 γ(감마)는 이른바 '로렌츠인자'를 나타내며 구체적으로 아래와 같다.

$$\gamma = \frac{1}{\sqrt{1 - \frac{v^2}{c^2}}}$$

c는 (아인슈타인에 따르면, 어느 관성계에서나 일정한) 빛의 속도이다. 로렌츠인자가 v에 따라서 어떻게 달라지는지 살펴보자. 두 기준계 사이의 상대속도 v가 빛의 속도보다 훨씬 작으면, $\frac{v^2}{c^2}$은 거의 0일 것이므로 근호 안의 식은 1에 가까워지고 따라서 로렌츠인자도 1에 가까워진다. 반면에 v가 c에 접근하면 할수록, $\frac{v^2}{c^2}$은 1에 가까워지고, 근호 안의 식은 점점 더 작아져서, 결국 로렌츠인자는 점점 더 커질 것이다. 우리의 이야기에서는 $v = \frac{4}{5}c$이므로 다음 등식들이 성립한다.

$$\gamma = \frac{1}{\sqrt{1-\frac{v^2}{c^2}}} = \frac{1}{\sqrt{1-\frac{4^2}{5^2}}} = \frac{1}{\sqrt{\frac{9}{25}}} = \frac{1}{\frac{3}{5}} = \frac{5}{3}$$

앨리스의 시계는 어떤 시간을 알려줄까? 앨리스가 판도라로 날아가는 동안, 우주선에서는 시간이 얼마나 흘러갈까? 우주선을 광속의 80%까지 가속하는 데 걸리는 시간과 다시 감속하는 데 걸리는 시간은 무시하고, 지구에서 판도라까지의 등속 직선 운동만 고찰하기로 하자. 그러면 앨리스는 관성계에 있는 셈이고, 우리는 앞의 공식에 의거하여 앨리스의 시계가 가리키는 시간 t'을 계산하여 구할 수 있다.

앨리스가 판도라에 도착하는 순간에 관심을 집중하자. 우리가 알아내려는 것은 그 순간에 앨리스의 공간좌표와 시간좌표이다. 전통적인 변환 공식들을 채택하면, 그 순간에 앨리스의 입장에서 그녀의 공간좌표 $x' = 0$, 시간좌표 $t' = 5$년일 것이다. 다른 한편, 지구의 입장에서 그녀의 공간좌표 $x = 4$광년, 시간좌표 $t = 5$년일 것이다. 이 x, t와 속도 $v = \frac{4}{5}c$를 로렌츠 변환 공식들에 집어넣고 x'과 t'을 계산하면 다음과 같다.

$$x' = \gamma \times (4-4) = 0$$
$$t' = \gamma \times (5 - \frac{4}{5} \times 4) = \frac{5}{3} \times \frac{9}{5} = 3$$

공간좌표 x'이 0인 것은 자명하다. 우주선의 입장에서 우주선의 위치는 좌표계의 원점이니까 말이다. 반면에 시간좌표 t'은 전통적인 변환에 따른 5년이 아니라 3년이다.

요컨대 앨리스에게는 시간이 3년만 흘러간다. 이를 일컬어 '시간 지체'라고 한다. 지구에서의 시간과 우주선에서의 시간이 다른 속도로 흐른다. 아래는 지구를 중심으로 삼아서 그린 시공 도표이다.

이쯤 되면 일부 독자들은 머리가 어지러울 것이다. 또 이렇게 반발하고 싶은 독자들도 있을 것이다. 잠깐! 두 관성계는 동등한 권

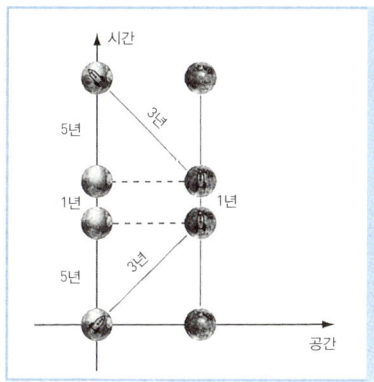

시간 지체 현상 때문에 우주여행을 마치고 돌아온 앨리스는 쌍둥이 남동생 밥보다 4년 더 젊다.

리를 가졌다. 앨리스가 광속의 80%로 지구에서 멀어진다는 것은, 뒤집어 말하면 지구가 똑같은 속도로 앨리스에게서 멀어진다는 것과 마찬가지다. 그렇다면 지구에서의 시간이 우주선에서의 시간보다 더 느리게 흐른다는 결론도 내릴 수 있지 않은가. 이 반론은 앨리스와 밥이 등장하는 이야기가 흔히 쌍둥이 역설이라고 불리는 이유이기도 하다. 앨리스에게 흐르는 시간이 밥에게 흐르는 시간보다 더 짧다는 것도 맞고, 밥에게 흐르는 시간이 앨리스에게 흐르는 시간보다 더 짧다는 것도 맞는다면, 말이 안 되지 않는가? 두 쌍둥이가 다시 만나 포옹할 때, 실제로 더 늙은 쪽은 누구란 말인가?

이 외견상의 역설은, 상이한 관성계에 속한 두 사건이 '동시에' 일어난다는 판단을 쉽게 내릴 수 있다는 순박한 전제에서 비롯된다. 이 전제가 오류이고, 그래서 역설이 발생한다.

밥의 입장에서 앨리스의 착륙은 정확히 5년 후에 일어난다. 밥의 입장에서 자신에게 5년 후는 앨리스에게 3년 후와 '동시'이다. 한편 앨리스도 남동생 밥이 '바로 지금' 무엇을 할까라는 질문을 매 순간 던질 수 있다. 특히 그녀의 입장에서 3년 뒤에 판도라에 착륙하면서 그 질문을 던질 수 있다. 더 나아가 그녀는 시간 지체 때문에 그때까지 밥에게 흐른 시간은 $\frac{3}{\gamma}$년, 곧 1.8년이라고 계산할 수 있다! 앨리스의 입장에서 자신에게 3년 후는 밥에게 1.8년 후와 '동시'이다.

이제 앨리스의 여행 전체를 살펴보자. 앨리스의 입장에서 그녀 자신의 여행은 어떤 모습일까? 앨리스는 여행 도중에 여러 번 관성계를 바꾼다. 처음에 그녀는 지구에서 멀어진다. 이 관성계에서

볼 때, 지구에서 흐르는 시간은 겨우 1.8년이고 그녀 자신에게 흐르는 시간은 3년이다. 그런데 곧이어 그녀는 비행을 멈추고 지구와 같은 관성계에 1년 동안 머문다. 이를 위해서는 급격한 감속이 필수적이고, 그 과정에서 그녀의 좌표들은 심하게 요동한다. 실제로 그 감속 과정에서 지구에서의 시간이 3.2년이나 흘러간다. 그리고 그때부터 1년 동안, 곧 지구에서 총 5년이 지난 시점부터 1년 동안, 우리는 지구에서의 시간과 앨리스에게 흐른 시간 사이의 동시성을 제대로 논할 수 있다. 이어서 앨리스는 지구로 돌아온다. 이를 위해 그녀는 다시 0.8c(광속의 80% 속도)까지 급격히 가속해야 하고, 이 가속 과정에서 지구에서의 시간은 또 한 번 도약적으로 흐른다. 그다음에 앨리스가 귀환하면서 세 번째 관성계에 머무는 3년 동안, 지구에서는 1.8년만 흐른다. 앨리스의 입장에서는 이 모든 과정을 아래의 시공 도표로 정리할 수 있다.

시간 도약은 거리 도약을 동반한다. 앨리스가 판도라로 날아가

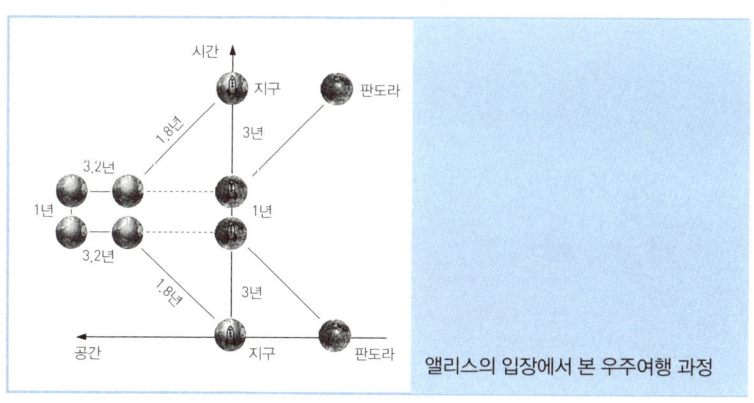

앨리스의 입장에서 본 우주여행 과정

는 동안, 지구는 그녀에게서 2.4광년만(0.8c로 3년 동안 이동한 만큼만) 멀어지는 것처럼 보인다. 그러나 앨리스가 감속하여 멈추는 과정에서 지구와 그녀 사이의 거리가 갑자기 4광년으로 늘어난다. 또 앨리스가 지구로 돌아올 때에도 똑같은 거리 도약이 일어난다.

명심해야 할 것은 밥과 달리 앨리스는 한 관성계에 머물지 않는다는 사실이다. 그래서 그녀에게는 이상한 도약들이 일어난다. 그 도약들은 그녀가 겪는 급격한 감속과 가속을 반영한다.

환상적인 물질-반물질 엔진이 실제로 있고 그 엔진을 장착한 우주선이 급격히 가속하여 최고 속도에 도달할 수 있다 하더라도, 그런 우주선에 사람이 탔다면, 가속은 조심스럽게 이루어져야 한다. 인간이 버틸 수 있는 최대 가속도를 중력가속도의 10배인 $10g$로 가정하면, 대략 한 달 동안 가속해야만 최고 속도 $0.8c$에 도달할 수 있

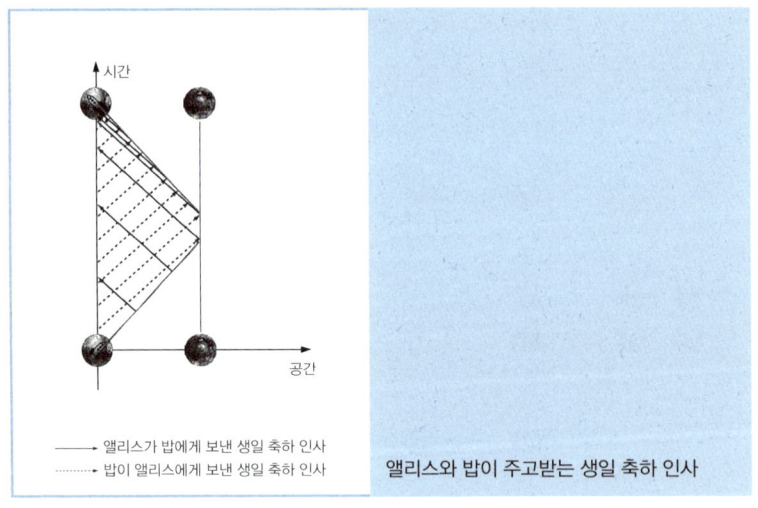

앨리스와 밥이 주고받는 생일 축하 인사

을 것이다.

마지막으로 앨리스와 밥이 앨리스의 우주여행 중에 서로에게 보낸 생일 축하 인사들이 언제 도착하는지 살펴보자.

앨리스는 3년에 걸쳐 돌아오는 동안 일정한 간격으로 두 번째 인사부터 열 번째 인사까지를 받는 반면, 밥은 총 여섯 번의 인사만, 그중 세 번은 마지막 1년 동안에 몰아서 받게 되어 있다. 그러므로 밥이 섭섭해할 이유는 없다. 앨리스는 늘 충실하게 생일 축하 인사를 보냈다. 다만 이상한 상대성 이론 때문에 인사들이 심하게 불규칙한 시간 간격으로 도착한 것이다.

 클로즈업 물리학 Q

우주선이 빠른 속도로 A 행성에서 B 행성으로 날아가면서 6분마다 짧은 전파신호를 송출한다. 그 신호가 B 행성에 3분마다 도착한다면, A 행성에는 몇 분마다 도착할까?

제9화 벽

바람에 실려오는 소리

"독일에서는 지금쯤이면 벌써 난방을 틀어야 할 텐데."

마르틴 슈피스가 아내에게 말한다. 모니카 슈피스는 햇빛을 향해 얼굴을 돌린 채로 고개를 끄덕여 전적인 동의를 표한다. 그녀는 눈을 감고 따스한 가을 햇살을 만끽하는 중이다.

10월의 첫 일요일. 스페인의 섬 마요르카에서는 여전히 맑고 따뜻한 날을 맞이할 확률이 높다. 마르틴은 흡족한 기분으로 주위를 둘러본다. 새 별장이 그를 우쭐하게 만든다. 건물의 정면은 마요르카풍이지만, 내부는 온통 초현대식이다. 다행히 가구 선택은 마요르카 건축 규제 당국의 소관사항이 아니다. 수영장의 수면에 잔물결이 일고 햇빛이 반짝인다.

슈피스 부부의 별장은 산후안San Juan이라는 마을 위쪽 구릉에 있다. 마나코르로 이어진 팔마 도로에서 2km 떨어진 곳이다. 바다가 보이지 않는 대신에 발레르만 해변을 비롯한 관광명소들에서 멀리 떨어졌다는 것이 장점이다. 정기적으로 마요르카에 오는 슈피스 부부 같은 사람들에게는 이상적인 장소이다. 공항에서 자동차로 20분이면 닿는 곳이면서도 저속한 무리로부터 멀리 벗어나 쉴 수 있는 곳. 여기에서 만나는 독일인들은 대부분 인근의 농가를 개조한 집에서 산다. 연금생활자, 자유직업자, 또는 이곳에서 부동산중개업을 하는 마르틴과 비슷한 부류의 사람들이다. 부동산중개업자가 가장 아름다운 부동산을 자기 몫으로 삼는 것은 당연한 일이다.

마르틴의 시선이 동쪽을 훑는다. 평소 같으면 그림 같은 산후안의 풍경이 눈에 들어올 것이다. 그러나 방음벽이 시선을 가로막는다. 그는 '검은 숲'이라고 이름 붙인 그 방음벽이 싫다. 하지만 모니카는 소음에 아주 민감하다. 일찍이 그녀는 말했다.

"스페인 사람들이 축제를 즐기는 모습을 보면 나도 마음이 들떠. 하지만 마요르카로 이사하면 뒤셀도르프 구시가에서 사는 것처럼 소음에 둘러싸일 텐데, 그렇게 살 생각은 없거든."

아내는 마르틴보다 11년 연하이지만, 솔직히 그는 가끔 아내가 약간 보수적이라고 느낀다. 마르틴이 속으로 한숨을 쉰다. 그는 적어도 고속도로 가장자리에 있는 것과 같은 콘크리트 벽만큼은 실치하지 않으려고 오래 애썼다. '검은 숲'은 가공하지 않은 낙엽송 목재로 만든 40cm 두께의 벽인데, 그 속에는 지푸라기 뭉치가 들어 있다. 그는 현지 사람들의 조롱을 무릅쓰고 그 괴물 같은 2.5m 높이의 방음벽을 설치했다. 마요르카 사람들은 그것을 '장벽'이라고 부른다. 마르틴은 조금 씁쓸한 기분으로 생각한다. '독일과 장벽이라, 잘 어울리는 한 쌍이로군.'

슈피스 부부는 일주일 전 이곳으로 왔다. 주말인 오늘은 장벽의 성능을 제대로 체험하게 될 것이다. 해마다 열리는 블러드 소시지 축제가 돌아왔기 때문이다. 사람들은 야외에서 불을 피워 소시지를 굽고 이곳의 전통 춤을 출 것이다. 당연히 포도주도 넘쳐흐를 것이다. 산후안 인구는 채 2000명이 안 되지만, 오늘은 틀림없이 그 두 배의 인원이 마을 광장에 우글거릴 것이다.

모니카가 '이런 식의 민속 문화'는 사양하겠다고 못 박지 않았다면, 마르틴도 즐겁게 마을로 내려가 군중 속에 섞였을 것이다. 부부는 지금 새로운 거처에서 늦은 아침상을 차려놓고 앉아 햇빛과 부드러운 동풍과 고요를 즐기는 중이다.

쿵, 쿵, 쿵쿵쿵쿵.

모니카가 깜짝 놀라 상체를 일으켜 세운다. 마을에서 밴드가 연주를 시작한 모양이다. 큰북 소리가 들려온다. 곧이어 기타와 트럼펫과 마요르카 민요를 부르는 노랫소리가 가세한다.

"마르틴!"

모니카가 날 선 목소리로 남편을 부른다. 약간 신경질이 섞인 목소리라고 마르틴은 느낀다.

"마르틴, 당신도 들려?"

마르틴은 잘 안 들려서 귀를 기울이는 척하지만 당연히 아까부터 그 소리를 듣고 있었다.

"응, 신경을 쓰니까 이제 들리네. 축제가 시작된 모양이야."

"방음벽까지 설치했는데 이게 뭐야? 명색이 방음벽이면 어떤 소음이든지 확실히 차단해야 하잖아."

모니카가 투덜거린다.

"친환경 방음벽 말고 콘크리트 벽을 설치할걸 그랬나?"

마르틴이 중얼거린다.

"친환경이든 콘크리트든, 우리가 이 벽에 들인 돈이 1만 유로도 넘어. 그런 거금을 지불했으니까 이제 난 고요를 얻고 싶다고. 도대체 어떻게 소리가 벽을 통과할 수 있지?"

모니카의 목소리가 커진다.

"통과하는 게 아니라 우회하는 거야."

마르틴이 대답한다. 마요르카로 이주하기 전에 그는 두 해가량 음향기기를 파는 회사에서 일했다. 그때 소리가 어떻게 퍼져나가는지에 관한 기초 물리학 지식을 습득해야 했다.

"우회한다고? 내가 물리학에 대해서는 잘 모르지만, 소리도 곧장 직선으로 퍼져나가는 거 아냐?"

모니카가 의아하다는 듯이 묻는다.

"원칙적으론 그렇지. 하지만 회절diffraction이나 산란scattering 같은 현상들도 있거든. 그래서 야외에서는 완벽한 방음벽 뒤에서도 소리가 들리기 마련이야. 특히 진동수가 낮은 소리 파동은 회절이 잘 되거든. 그래서 지금 큰북 소리가 유난히 잘 들리는 거라고."

"내 귀에는 쿵쿵 소리 말고 다른 소리도 들려. 작은북 소리도 들리고, 기타 소리, 사람들이 떠드는 소리도 들린다고. 마을 광장에서 하는 얘기까지 알아들을 수 있을 것 같다니까."

모니카가 짜증 섞인 목소리로 빠르게 말한다.

"그러려면 스페인어 공부를 좀 하셔야지."

마르틴이 빈정거린다. 그로서는 당연한 대응이다. 지난 몇 달 동안 그는 현지 집주인들과의 원활한 거래 등을 위해 저녁에 스페인어를 배우러 다닌 반면, 그의 아내는 "어차피 마을에서도 다들 독일어를 쓰니까"라고 말하면서 그럴 필요가 없다는 입장이었다.

"하지만 당신 말이 맞아."

마르틴이 말을 잇는다.

"마을에서 나는 온갖 소리가 오늘따라 죄다 들리는군. 방음벽이 있는데도 말이야. 소리가 바람에 실려오는 것 같아. 지금 강한 동풍이 불면서 마을의 소음을 우리 쪽으로 실어오는 거지."

"바람이 소리를 실어나른다고? 나도 그런 얘기를 들은 적은 있지만 그건 터무니없는 속설이라고 생각해왔어. 소리가 바람보다 훨씬 더 빠르잖아."

모니카가 의문을 표한다.

"소리의 속도는 343m/s, 그러니까 1200km/h 정도 되지."

남편이 옛날에 배운 음향학 지식을 되살려 아내를 두둔한다.

"그럼 바람의 속도는 얼마나 될까? 기껏해야 50km/h밖에 안 되겠지. 1200km/h에 비하면 50km/h는 새 발의 피야. 그런데도 소

제9화 벽   177

리가 바람을 타면 우리한테 더 잘 도달한다고?"

남편의 두둔에 힘을 얻어 모니카가 더 큰 목소리로 따지듯이 말한다.

"속도가 중요한 게 아냐. 내 기억이 맞는다면, 이게 굴절 현상이거든. 왜 있잖아, 수저를 물컵에 꽂아놓으면 중간이 꺾인 것처럼 보이는 현상."

남편은 아내의 표정을 보면서 자신의 설명이 별 소용이 없음을 확인하고, 마무리 발언을 한다.

"아무튼 이 바람 덕분에 소리가 더 멀리 퍼질 뿐 아니라 장벽까지 넘을 수 있는 거야. 예컨대 우리 집 방음벽도 가뿐히 넘는 거지."

"당신이 음향학 책을 다시 한 번 보고 설명을 더 잘해줬으면 좋겠다."

아내가 대꾸한다.

"어쨌거나 당신 말이 맞는 것 같아. 결론적으로 우리는 이 아름다운 별장에 앉아서 마을의 소음을 온종일 들을 수 있겠군."

슈피스 부인이 체념한 듯이 말한다.

"이렇게 하면 어떨까?"

마르틴이 제안한다.

"이곳에는 다른 사람들도 살아. 진짜 현지인들 말이야. 그리고 유명한 블러드 소시지 축제는 1년에 딱 한 번이야. 축제가 열리면 이 섬에 사는 사람들이 다 몰려들지. 우리가 소음을 없앨 수 없다면, 차라리 소음 속으로 들어가는 게 최선의 방법일 것 같지 않아?"

"당신 말이 맞는 것도 같아."

모니카의 마음이 흔들린다. 스페인 사람들의 축제를 좀 더 가까이에서 구경하는 것도 좋지 않을까 하는 생각이 든다.

"내가 초고속으로 외출 준비를 할 테니까, 15분만 기다려. 블러드 소시지를 꼭 먹어야 하는 건 아니지?"

"당연하지."

남편이 웃는다.

"틀림없이 다른 먹을거리도 있을 거야."

30분 후에 슈피스 부부의 포르쉐 카이엔이 광장 입구의 주차장에 멈춰 선다. 사람들은 모니카 슈피스가 춤추는 모습을 내일 새벽까지 보게 될 것이다.

파동의 회절 : 소리가 모퉁이를 도는 방법

왜 슈피스 부부는 비싼 방음벽을 설치하고도 소음에 시달릴까? 업자들의 광고와 달리 방음벽이 소리를 통과시키기 때문일까, 아니면 다른 원인이 있을까?

소리는 파동이고, 파동은 직선으로 퍼져나간다. 그래서 우리는 소리가 가시광선과 다를 바 없다고 상상하곤 한다. 이를테면 음원에서 뻗어나가 장애물에 부딪히는 '소리 광선'을 상상하는 것이다. 이 상상이 현실과 일치한다면, 슈피스 부부는 일종의 '소리 그늘'에 앉아 있게 되어 산후안에서 벌어지는 축제의 소음을 전혀 듣지 못할 것이다.

방음벽과 같은 장애물에 의해 형성된 '소리 그늘'

그러나 광학적 (빛이 가려진) 그늘이 완전히 캄캄하지는 않은 것과 마찬가지로—알다시피 그늘에서도 피부를 갈색으로 그을릴 수 있다—음향학적 (소리가 가려진) 그늘도 완전히 고요하지는 않다. 음원에서 소리 광선들이 곧장 뻗어나간다는 순박한 상상은 부분적으로만 옳다. 소리는 실제로 파동이고, 따라서 산란, 굴절, 회절 등의 파동 현상이 소리에서도 나타난다. 이 파동 현상들은 소리가 '장애물 뒤에서도' 들리게 만든다.

왜 우리는 소리를 마치 광선처럼 상상하는 것일까? 빛을 다룰 때 광선을 상상하는 것은 일리가 있다. 알다시피 빛은 파동이면서 또한 입자이고, 빛 입자는 태양에서부터 지구로 직선으로 날아온다. 물론 어떤 현상들은 빛의 파동성을 전면에 내세워야만 설명할 수 있다. 그러나 광선은 빛 입자(광자)의 이동궤적이므로 확실히 실재한다고 할 수 있다.

반면에 소리 입자는 존재하지 않는다. 음원에서 튀어나와 우리에게 날아오는 알갱이는 없다. 소리는 공기의 미세한 압력 차이가 퍼져나가는 현상이다. 예컨대 스피커의 막은 앞뒤로 떠는데, 막이 앞으로 나오면 주변 공기가 약간 압축되어 압력이 높아진다. 이어서 그 압력은 모든 방향으로 퍼져나간다. 왜냐하면 공기 분자들이 막에 밀리면서 얻은 에너지가 충돌을 통해 이웃 분자들에게 전달되기 때문이다. 개별 분자는 멀리 이동하지 못한다. 이내 우연적인 원인에 의해 반대 방향으로 밀쳐진다. 그러나 압력의 파동은 물결이 퍼져나가는 것과 비슷하게 공기의 바다 속으로 퍼져나간다. 물결이 퍼질 때에도 개별 물 입자들은 대체로 제자리에 머문다(그러나 물결 파동과 소리 파동 사이에는 중요한 차이점이 있다. 물결 파동은 이른바 횡파이다. 횡파에서 입자들은 파동이 퍼지는 방향에 수직으로 진동한다. 반면에 소리 파동은 종파이다. 공기 입자들은 소리 파동이 퍼지는 방향에 평행하게 진동한다).

이처럼 소리를 물결에 빗대어 상상하면, 소리 파동은 일단 음원을 둘러싼 구면의 형태로 퍼져나갈 것이다. 그러나 공기 입자들끼리의 충돌은 우리의 상상대로 엄밀하게 일어나지 않고 우연히 모든 방향으로 일어난다. 충돌을 당한 공기 입자는 자신이 음원과 직접 충돌한 것인지 아니면 음원이 촉발한 충돌의 연쇄에서 한참 나중에 충돌을 당한 것인지 모른다.

파면에 속한 점 각각에서 새로운 파동들이 퍼져나간다면 상황이 엄청나게 복잡해지는데, 이 상황에서도 원래 파동이 어떻게 퍼

일찍이 17세기에 네덜란드 물리학자 크리스티안 하위헌스Christiaan Huygens는 파면波面에 속한 모든 점 각각을 새로운 파동의 출발점으로 보아야 한다는 것을 깨달았다.

져나갈지 계산할 수 있을까? 다행스럽게도 계산할 수 있다. 왜냐하면 파면에 속한 점 각각에서 퍼져나가는 파동들(이른바 기본 파동들 elementary waves)의 다수가 상쇄되기 때문이다. 한 파동의 마루와 다른 파동의 골이 만나면 양쪽 다 없어진다. 이 때문에 파동이 공간 속에서 아무 장애 없이 퍼져나가면 실제로 구면 모양의 파면이 형성되며, 우리는 그 파면에 수직으로 '파동 광선들'이 뻗어나간다고 상상할 수 있다.

하위헌스의 원리(파면에 속한 점 각각을 새로운 파동의 출발점으로 보아야 한다는 것)는 모서리, 모퉁이, 장애물이 있는 상황에서 중요해진다. 예컨대 길모퉁이에 도달한 소리 파동의 파면은 새로운 소리 파동들의 원천이 된다. 그래서 응급차를 보지 못하고 교차로에 접근하던 운전자들도 사이렌 소리를 듣고 제때에 멈출 수 있다. 이

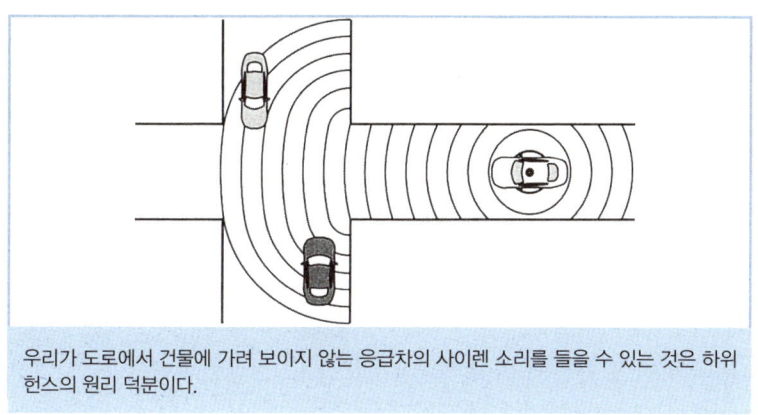

우리가 도로에서 건물에 가려 보이지 않는 응급차의 사이렌 소리를 들을 수 있는 것은 하위헌스의 원리 덕분이다.

렇게 파동이 장애물의 모퉁이를 돌아 퍼져나가는 현상을 일컬어 회절이라고 한다.

운전자들은 사이렌 소리를 들을 수 있지만 응급차의 파란 불빛은 보지 못한다. 물론 주위의 물체나 유리창에 반사된 빛을 볼 수는 있겠지만 말이다. 빛은 길모퉁이를 돌아가지 못한다. 빛은 회절하지 않기 때문일까? 그렇지 않다. 빛도 회절한다. 그러나 빛의 회절은 훨씬 더 작은 규모에서 뚜렷하게 일어난다. 회절 현상은 장애물의 크기가 파동의 파장과 비슷할 때 가장 잘 일어난다. 일반적인 소리 파동, 예컨대 표준음 A(계이름 '라')의 파장은 약 70cm이다. 반면에 노란색 빛의 파장은 580nm(1nm = 10^{-9}m), 대략 $\frac{1}{2000}$mm이나. 따라서 빛의 회절은 광선이 아주 좁은 틈을 통과할 때 잘 관찰된다(205쪽 참조).

모든 소리 파동이 똑같은 정도로 회절하는 것은 아니다. 우리가 들을 수 있는 가장 높은 소리는 파장이 2cm 정도에 불과한 반면, 가장 낮은 소리는 파장이 20m에 달한다. 낮은 소리는 높은 소리보다 더 많이 회절한다. 바꿔 말해서 슈피스 부부가 설치한 방음벽은 높은 소리를 거의 완벽하게 차단하지만, 낮은 소리는 방음벽을 타고 넘는다. 높은 트럼펫 소리는 비교적 잘 차단되는 반면, "쿵쿵" 소리는 잘 들린다. 작은 스피커 다섯 개와 커다란 베이스용 서브우퍼sub-woofer 하나를 갖춘 돌비 서라운드dolby surround 음향기기를 집에 설치해본 사람은 이 신기한 사실을 아마 알겠지만, 작은 스피커들은 위치를 정확히 잡아야 하는 반면에 서브우퍼는 방 안 어디에 놓아도 상관이 없다. 왜냐하면 낮은 음들은 사실상 어디에서 나오든 상관없이 좋은 음질로 당신의 귀에 도달하는 반면, 작은 스피커들에서 나오는 소리는 당신의 귀에 직접 도달해야만 좋은 음질을 유지하기 때문이다.

빛의 회절이 아주 작은 규모에서만 일어난다면, 그늘이 칠흑같이 어둡지 않은 것은 왜일까? 또 다른 파동 현상인 산란 때문이다. 예를 들어 달에서 그늘 속에 들어가면 완벽한 암흑에 휩싸인다. 왜냐하면 달의 환경은 거의 완벽한 진공이어서 아무것도 빛의 진행을 방해하지 않기 때문이다. 반면에 지구의 대기는 완벽하게 균질적이지 않다. 지구 대기는 수많은 작은 입자로 이루어졌고, 그 입자들과 부딪힌 광선은 온갖 방향으로 흩어진다. 이 같은 산란 현상도 회절과 마찬가지로 파동의 파장과 입자의 크기가 얼추 같을 때 가장 잘 일어나고, 광선이 산란하는 정도는 광선의 파장에 따라 다르다. 이 때문에 하늘은 푸르고 석양은 붉다.

소리 파동은 파장이 길기 때문에 개별 공기 분자에 부딪혀 산란하지는 않지만 크기가 몇 cm에서 몇십 cm인 소형 회오리바람(공기의 난류, 즉 마구잡이 바람)에 부딪혀 산란한다. 이 산란도 소리가 장애물을 극복하는 데 기여할 수 있다.

소형 회오리바람이 소리 파동을 산란시킬 수 있는 이유는 무엇일까? 회오리바람 속의 공기는 다른 곳의 공기와 밀도가 다르고, 공기의 밀도는 소리의 속도에 영향을 미치기 때문이다. 파동의 전파속도가 곳에 따라 다르면, 파동은 굴절한다. 이러한 굴절과 그로 인한 산란도 아랫마을의 밴드 소리가 바람을 타고 날아와 방음벽을 넘어서 슈피스 부부의 귀에 들리는 데 기여한다.

소리의 굴절과 산란에 앞서 빛의 굴절을 잠시 살펴보자. 물속에서 빛의 속도는 공기 속에서보다 약 25% 느리다. 이 속도 차이 때문에, 공기에서 물로 비스듬히 진입하는 광선은 진입 순간에 방향이 꺾인다. 그래서 예컨대 물컵에 꽂힌 수저는 중간이 꺾인 것처럼 보인다.

이런 굴절 현상을 어떻게 설명할 수 있을까? 하위헌스는 이른바 '기본 파동들'과 하위헌스의 원리를 발견했을 뿐 아니라, 그 원리에 기초하여, 한 매질에서 광학적 밀도가 다른(따라서 빛의 속도가 날라지게 만드는) 또 하나의 매질로 진입하는 빛은 최단 경로가 아니라 가장 빠른 경로를 선택한다는 것을 깨달았다. 따라서《수학 시트콤》에서 연습문제로 나왔던 다음과 같은 상황에 빗대어 광선의 경로를

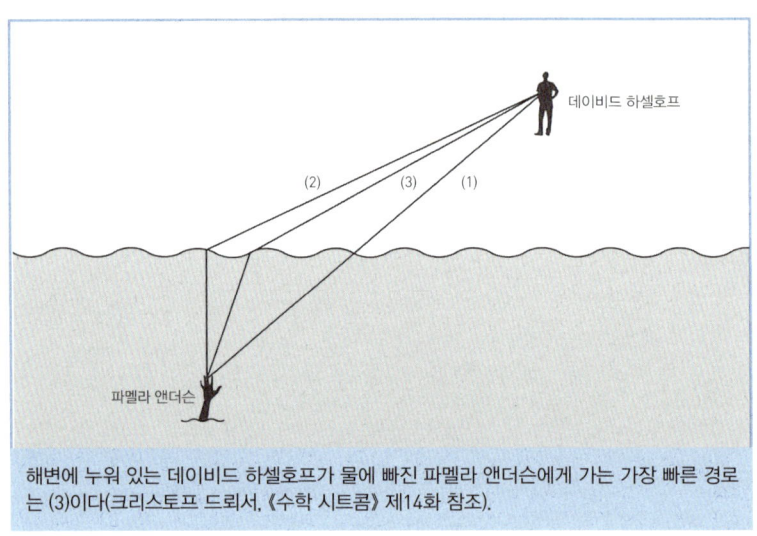

해변에 누워 있는 데이비드 하셀호프가 물에 빠진 파멜라 앤더슨에게 가는 가장 빠른 경로는 (3)이다(크리스토프 드뢰서, 《수학 시트콤》 제14화 참조).

설명할 수 있다.

　　데이비드 하셀호프가 말리부 해변에 누워 있다가 물속에서 구조를 요청하는 파멜라 앤더슨을 본다. 한시가 급한 상황이다. 데이비드가 해변에서 달리는 속도는 물속에서 헤엄치는 속도보다 당연히 더 빠르다. 데이비드에게 최선의 구조 전략은 최단 경로(1)로 이동하는 것이 아니며 수영거리를 최대한 줄이는 경로(2)를 선택하는 것도 아니다. 오히려 이 두 경로를 절충한 경로(3)가 최선이다. 그 경로는 파멜라에게 가장 빨리 도달하게 해주는 경로이며 극값 문제를 풀어서 알아낼 수 있다. 한 매질에서 다른 매질로 진입하는 광선도 이런 식으로 가장 빠른 경로를 선택한다.

　　이 설명이 못마땅한(도대체 빛의 가장 빠른 경로를 어떻게 알아낸

단 말이냐고 묻고 싶은) 분들을 위해서 하위헌스의 원리를 이용한 설명을 추가로 제시하겠다.

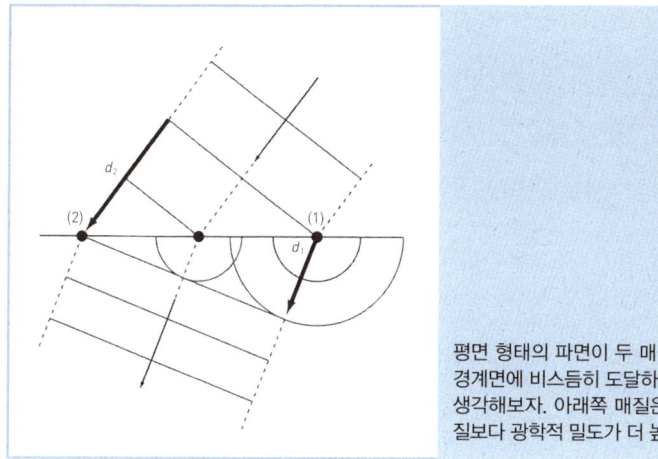

평면 형태의 파면이 두 매질 사이의 경계면에 비스듬히 도달하는 상황을 생각해보자. 아래쪽 매질은 위쪽 매질보다 광학적 밀도가 더 높다.

위 그림의 파면 전체에서 경계면에 가장 먼저 도달하는 부분은 오른쪽 가장자리(1)이다. 그 지점에서 새로운 기본 파동이 발생하여 원래 파동보다 느리게 퍼져나간다. 시간이 흘러 원래 파면의 왼쪽 가장자리가 거리 d_2만큼 이동해서 경계면에 도달하는 동안, 새로운 기본 파동은 d_2보다 짧은 d_1만큼만 퍼져나간다. 그러는 동안에 원래 파면의 좌우 가상사리 사이에 놓인 모든 점에서도 기본 파동들이 발생하여 중첩하면서 새로운 파면을 형성하게 되는데, 이 파면과 원래 파면은 서로 평행하지 않다. 광학적 밀도가 더 높은 매질로 진입하는 광선은 경계면과 직각을 이루는 직선에 가까워지는 방향으로 굴절하고, 광학적 밀도가 더 낮은 매질로 진입하는 광선은 그 직선에서 멀어지는 방향으로 굴절한다.

두 매질이 맞닿아 있는데 첫 번째 매질에서 소리의 속도와 두 번째 매질에서 소리의 속도가 다를 경우, 소리 파동도 두 매질의 경계면에서 굴절된다. 그러나 야외에서는 그런 조건을 갖춘 두 공기층이 직접 맞닿는 경우가 드물다. 공기의 속성 변화는 연속적으로 일어나고, 따라서 소리의 방향은 갑자기 꺾이는 대신에 부드럽게 휘어진다.

어떻게 공기의 속성에 따라서 소리의 속도가 달라질 수 있을까? 우선 공기의 온도가 소리의 속도에 영향을 미친다. 차가운 공기는 소리를 전달하는 능력이 따뜻한 공기에 비해 떨어진다. 차가운 공기를 이루는 분자들이 '더 굼뜨다'고 생각하면 된다. 일반적으로 고도가 높아지면 공기는 차가워진다. 이 때문에 소리 광선들은 위쪽으로 휘어진다. 한편 이른바 대기 역전 현상atmospheric inversion appearance이 일어나 따뜻한 공기층이 차가운 공기층 위에 놓이면, 소리 광선들이 아래쪽으로 휘어져 소리가 더 멀리 전달되고 때로는 장

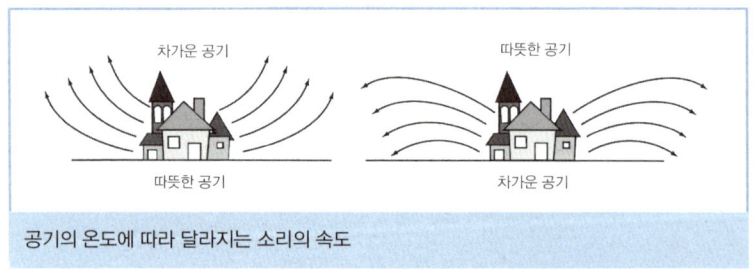

공기의 온도에 따라 달라지는 소리의 속도

애물을 넘기까지 한다.

바람이 불면 어떻게 될까? 바람은 공기의 밀도를 바꾸지 못하지만 유효 음속effective sound velocity을 2~3% 정도로 미세하게나마 바꾼다. 또 연을 띄워본 사람이라면 누구나 알듯이, 바람의 세기는 거의 항상 지면 근처에서 가장 약하고 위로 올라갈수록 강해진다. 그러므로 비대칭적인 조건이 형성되고, 모든 소리 광선은 바람의 방향으로 휘어진다.

바람이 소리의 속도에 미치는 영향

이런 이유 때문에 바람은 실제로 소리를 더 멀리 실어나른다. 바람은 소리가 더 빨리 전달되도록 만들 뿐 아니라 소리 파동을 굴절시켜서 슈피스 부부의 방음벽과 같은 장애물마저 뛰어넘게 만든다.

 클로즈업 물리학 Q

텔레비전 예능 프로그램을 자주 본 사람은 아마 알겠지만, 헬륨 기체를 들이마시고 나면 목소리가 이상야릇하게 변한다. 왜 그럴까?

과학을 위한 자살

제10화 양자 컬트

수사관들 앞에 펼쳐진 끔찍한 광경. 경찰기동대원들이 현관을 부수고 들어선 방 세 개짜리 아파트에 시체 다섯 구가 누워 있다. 남자 셋에 여자 둘. 모두 머리에 총을 맞고 죽은 것으로 보인다. 도처에 흩뿌려진 피.

이웃집 여자가 총소리를 듣고 경찰에 신고했다. 수사팀이 꾸려졌고, 수사관들이 증거 수집에 착수했다.

"정말 이상한 사건입니다."

젊은 형사 후프나겔이 상관인 데틀레프 벤케에게 말한다.

"다섯 명 모두 머리에 직격탄을 맞고 사망했어요. 목을 조른 흔적도 없고 폭행을 당한 다른 흔적도 없습니다. 그런데 무기는 달랑 하나, 저기 저 권총뿐이에요. 권총이 무슨 기계에 연결되어 있고요."

벤케가 거실로 가서 그 특이한 살인기계를 살펴본다. 권총은 발터 P5, 구경 9mm. 이상한 기계가 권총의 방아쇠를 당기게 되어 있는데, 기계는 다시 전자장치처럼 보이는 작은 상자와 연결되어 있다. 상자에는 스위치 몇 개와 숫자들이 표시되는 디스플레이가 달려 있다.

"폭행 흔적은 없다고 했지? 문도 멀쩡했고?"

벤케가 묻자, 후프나겔이 고개를 끄덕인다.

"사망자들에 대해서 보고할 사항은 없나?"

"아직은 별로 없습니다. 나이는 25세부터 45세까지이고, 다들 대학을 졸업한 고학력자입니다. 물리학자, 수학자, 철학자 등이죠. 전과 기록을 조회했는데, 다들 깨끗합니다."

"음. 이 사람들 머리에 박힌 총알이 이 빌어먹을 기계에서 발사되었다는 말인가. 충분히 그럴 수 있지."

벤케가 중얼거리다가 주변을 둘러보며 묻는다.

"이게 무슨 기계인지 조금이라도 아는 사람 있나?"

후프나겔이 난감한 표정으로 어깨를 으쓱한다. 그는 기계를 잘 모른다. 동료 경찰관들 대부분도 마찬가지다. 경찰서 전체에 인터넷 접속점이 하나뿐인 실정이다. 이런 디지털 장치를 잘 아는 전문가를 데려오려면 인근의 대도시로 가야 할 테니 시간이 지체될 수밖에 없을 것이다.

벤케가 거실에서 서성거린다. 혹시 살인이 아니라 집단자살이 아닐까? 더 나은 세상을 꿈꾸면서 생을 마감한 미친놈들이 몇 명 있지 않은가. 벤케의 시선이 책장으로 향한다. 공상과학소설 몇 권 외에 주로 수학과 물리학 분야의 전문서적들이 꽂혀 있다. 《우아한 우주》, 《기묘한 평행우주들》, 《양자 이론의 해석과 세계관》. 난해한 책 제목에서 사망자들이 파괴적인 사이비종교를 믿었다는 단서는 포착되지 않는다.

나름의 생각에 골몰하는 벤케의 귀에 작지만 날카로운 신음소리가 들린다. 돌아보니, 열린 현관에 젊은 여자가 서서 손으로 입을 가린 채 흐느낀다. 벤케가 곧바로 여자에게 다가간다.

"정말로 해버렸어. 맙소사, 정말로."

여자가 탄식하며 중얼거리더니 다시 흐느낀다.

"일단 들어와서 앉으시죠."

벤케가 여자를 진정시키려 애쓴다. 여자의 어깨를 감싸 안아 주방으로 이끈다. 여자가 끔찍한 광경을 그만 보게 하려는 뜻도 있지만 그녀와 조용히 대화하기 위해서이기도 하다.

"강력계 형사 벤케라고 합니다."

벤케가 자신을 소개한다. 그는 온 세상이 무너졌다고 느끼는 상대 앞에서 냉정한 경찰관 노릇을 해야 하는 이런 상황이 참 싫다.

"본인이 누구신지, 사망자들과는 어떤 사이신지 말씀해주시겠습니까?"

"피셔, 마리나 피셔예요."

여자가 말한다. 어느새 약간 안정을 되찾은 모습이다. 벤케는 여자의 나이가 25세쯤이라고 추측한다.

"저는 크리스티안 피셔의 여동생이에요. 크리스티안 피셔는 이 아파트의 주인이고요. 아니, 이젠 죽었으니, 주인이었다고 해야 겠네요."

여자의 눈에서 다시 눈물이 펑펑 쏟아진다.

"방금 전에 '정말로 해버렸어'라고 하셨는데, 누가 무얼 했다는 말씀이신가요?"

벤케가 경찰관의 어투를 최대한 억누르면서 낮은 목소리로 묻는다.

"크리스티안은 물리학자였어요."

마리나 피셔가 마음을 어느 정도 가라앉힌 뒤에 말한다.

"전공 분야는 양자물리학이었는데, 양자물리학의 철학적 귀결도 연구했지요. 저는 독문학을 전공해서 그쪽 분야는 잘 모르지만, 물리학자들은 양자 이론의 귀결들을 어떻게 해석해야 할지를 놓고 지금도 고민하는 모양이에요. 크리스티안이 내게 슈뢰딩거의 고양이 이야기를 해준 적이 있어요. 사람이 상자를 열어볼 때까지는 상자 안의 고양이가 살아 있으면서 또 죽어 있다는 이야기죠."

"으음."

벤케는 짧게 감탄사를 내뱉을 뿐이다. 학생시절에 물리학은 그가 잘하는 과목이 아니었다. 지금도 물리학에 본격적으로 손을 댈 생각은 없다. 물론 사건 해결에 도움이 된다면, 다시 생각해볼 수도 있겠지만.

"제가 잘 기억할지 모르지만, 한번 설명해볼게요."

마리나 피셔가 벤케의 노골적인 무관심 표명에 아랑곳없이 말을 잇는다.

"상자 안에 고양이와 어떤 장치가 있어요. 그 장치 안에서 원자가 붕괴하거나 붕괴하지 않아요. 앞으로 한 시간 동안 원자가 붕괴할 확률은 50%, 붕괴하지 않을 확률도 50%죠. 원자가 붕괴하면, 가이거 계수기가 그 붕괴를 포착하고 전자장치들이 작동해서 망치가 움직여요. 망치는 청산이 들어 있는 병을 깨뜨리고요. 그러면 고양이는 즉사하지요."

'사건과 무관한 이야기라 하더라도 계속하게 놔두자'라고 벤케는 속으로 생각한다. 심한 충격을 받은 사람이 두서없이 말하는 경우를 그는 여러 번 경험했다.

"계속하십시오. 차 한 잔 가져다 드릴까요?"

"예, 부탁드립니다."

여자는 벤케에게 대꾸하면서도 시선을 먼 곳에 고정한다. 오빠가 쏟아놓던 전문 용어들을 기억해내느라 애쓰는 티가 역력하다.

"그런데 원자는 양자역학적인 시스템이라나 뭐라나, 아무튼 그렇거든요."

그녀가 곧바로 말을 잇는다.

"그래서 붕괴하는 동시에 붕괴하지 않아요. 두 상태가 묘하게 중첩되는 거죠. 원자의 상태는 누군가 원자를 관찰할 때 비로소 하나로 확정돼요. 무슨 말이냐면, 아무도 상자를 열어보지 않으면, 원자는 붕괴한 상태이면서 또한 붕괴하지 않은 상태라는 거예요. 따라서 병은 멀쩡한 상태이면서 또한 깨진 상태이고, 고양이는 살아 있는 상태이면서 또한 죽은 상태라는 거죠. 우리가 상자를 열어볼 때 비로소 고양이의 상태가 하나로 확정돼요."

"에이, 말도 안 돼!"

벤케가 자기도 모르게 내뱉는다.

"그래요, 말도 안 돼요."

마리나 피셔는 이제 미소를 짓기까지 한다.

"이런 얘기를 누가 믿겠어요. 하지만 양자 이론은 물리학 이론을 통틀어서 가장 잘 검증된 이론이래요. 우리는 양자 이론을 어떻게든 이해해야 하고요. 제가 방금 한 얘기는 이른바 코펜하겐 해석이에요. 하지만 다른 해석들도 있어요. 그중에 하나는 여러 세계 이론이라는 건데, 휴 에버렛 3세Hugh Everett III라는 사람이 내놓은 해석이에요."

벤케는 아까 책장에서 휴 에버렛 3세라는 이름을 보았던 것을 상기한다.

"여러 세계 이론에 따르면, 중첩은 존재하지 않아요. 대신에 모든 양자 사건 각각이 세계를 둘로 갈라놓지요. 원자가 붕괴하고 고양이가 죽은 세계와 원자가 온전하고 고양이가 살아 있는 세계, 그렇게 두 세계로요."

"정말 어려운 얘기네요."

벤케가 투덜거린다. 그는 이제 사건과 관련이 있는 얘기를 듣고 싶다. 지금 중요한 것은 가설적인 고양이의 생사 여부가 아니라 진짜 사람의 시체 다섯 구가 아닌가. 지역 언론은 그 시체들에 관심을 기울일 것이다. 기자들은 벤케에게 슈뢰딩거인지 슈미트인지의 고양이에 대해서 질문하지 않을 것이다.

"지금 말씀하시는 이론들이 오늘 이 아파트에서 일어난 사건과 관련이 있다고 생각하십니까?"

"그렇고말고요."

마리나 피셔가 단호하게 대답한 후, 말을 잇는다.

"곧 말씀드릴게요. 대부분의 물리학자들은 고양이의 상태가 중첩된다는 고전적 해석과 여러 세계 이론 중에서 어느 쪽이 옳은지 판정하기는 불가능하다고 생각하죠. 하지만 오빠는 막스 테그마크 Max Tegmark라는 스웨덴 물리학자의 논문을 읽었어요. 그 사람은 여러 세계 이론이 옳은지를 얼마든지 검증할 수 있다고 주장해요. 심지어 몇몇 물리학자들은 그의 주장을 확대해서 여러 세계 이론이 인간의 불멸을 보장한다고 해석하기까지 하지요."

'불멸'이라는 단어에 벤케의 귀가 번쩍 뜨인다. 그 단어는 사이비종교의 냄새가 물씬 풍긴다. 사망자들은 자신이 불멸의 존재가 아님을 가장 잔혹한 방식으로 체험한 것이 분명하다. 벤케가 더 많은 얘기를 청하는 눈빛으로 물리학자의 여동생을 바라본다. 마리나 피셔가 차를 한 모금 마시고, 이어 말한다.

"크리스티안은 저에게 거듭해서 말했죠. 사람이 직접 슈뢰딩거의 고양이 노릇을 해야 한다고요. 고양이는 그 실험을 어떻게 체험할까요? 고전적 해석이 옳다면, 고양이는 그 실험에서 두 번에 한 번꼴로 죽어요. 그러나 여러 세계 이론이 옳다면, 고양이 자신의 관점에서 고양이는 절대로 죽지 않아요. 주관적으로 불멸하는 거죠."

"갈수록 태산이군요. 무슨 뜻인지 도통 모르겠습니다."

벤케가 한숨을 내쉬자, 여자가 계속해서 부연 설명을 한다.

"테그마크라는 사람이 양자 자살 기계라는 것을 발명했어요. 크리스티안은 그 기계를 'QS 기계'라고 불렀죠. 그것은 권총과 전자 장치로 이루어진 기계인데요. 리모컨의 단추를 누르면 그 기계가 무작위로 고른 광자의 스핀을 측정하지요. 스핀이 무엇인지는 몰라도 돼요. 다만 스핀의 방향이 위와 아래, 그렇게 두 가지이고, 각 방향일 확률이 50%라는 것만 알면 돼요. 스핀이 위 방향이면, 양자 자살 기계는 그냥 딸깍 소리만 내요. 반대로 스핀이 아래 방향이면, 기계는 권총의 방아쇠를 당겨서 총알을 발사하지요."

"그러니까 두 번에 한 번꼴로 총알이 발사된다는 말인가요? 러시안 룰렛보다 훨씬 더 무시무시한 게임이군요. 그런가요?"

벤케가 묻는다. 어느새 대화는 그가 잘 아는 쪽으로 흘러가는 중이다.

"맞아요."

여자가 짧게 긍정하고 말한다.

"당신이 권총의 총구를 벽 쪽으로 놓고 연거푸 실험을 한다면, 운이 좋을 경우에 두세 번쯤은 딸깍 소리만 날 거예요. 하지만 언젠가는 틀림없이 총알이 발사되겠죠. 연거푸 열 번 딸깍 소리만 날 확률은 1000분의 1도 안 되니까요. 하지만 여러 세계 이론을 생각해보세요. 당신이 리모컨 단추를 누를 때마다 양자 측정이 이루어지면서 세계가 둘로 갈라져요. 딸깍 소리가 나는 세계와 총알이 발사되는 세계로 말이에요. 처음엔 두 개의 세계, 그다음에는 네 개의 세계, 그다음에는 여덟 개의 세계 등으로 갈라지는 거죠."

"무슨 말인지 대충 알겠는데, 그래도 내 생각엔 그냥 말장난 같군요. 어차피 총알이 발사되거나 딸깍 소리가 나거나 둘 중 하나가 아닙니까?"

벤케가 투덜거린다.

"아니요. 당신이 권총의 총구를 당신 머리로 향하게 만들고서 실험을 한다면, 이야기가 달라져요."

마리나 피셔가 이어 말한다.

"기계를 그렇게 놓고 리모컨 단추를 누르면 당신은 항상 딸깍 소리를 듣게 돼요. 왜냐하면 총알이 발사된 평행우주에서는 당신이 곧바로 죽어서 아무 소리도 못 들으니까요. 당신이 실험을 열 번 한다고 칩시다. 그러면 당신은 2^{10}개, 그러니까 1024개의 우주들 가운데 딸깍 소리가 열 번 난 우주에 있게 돼요. 다른 모든 우주에 있는 당신은 죽어서 아무것도 의식하지 못할 테고요. 아무튼 오빠는 이런 식으로 양자 이론이 불멸을 보장한다고 해석했어요."

"오빠가 무슨 종교 의식 같은 것도 했나요?"

벤케가 묻는다. 그는 이제 슬슬 대화를 오늘의 끔찍한 사건으로 이끌고 싶다.

"종교 의식이요? 그렇게 부를 만한 것은 없었어요. 오빠가 친구들과 불멸에 대해서 이야기하기는 했죠. 오빠와 친구들은 정기적으로 만나서 최신 과학 논문에 대해서 토론했어요. 철학자 막스, 수학자 올라. 스반테는 오빠와 마찬가지로 이론물리학자였고요. 실험물리학자 게로는 실험실에서 여러 장치를 제작하는 일을 했어요. 게로가 QS 기계를 만들자고 제안했지요."

"당신도 그 사실을 알았습니까?"

벤케가 약간 냉랭한 어투로 묻는다. 마리나 피셔가 수사관의 눈빛을 보고 그의 생각을 알아챈다.

"제가 경찰에 신고해야 했다고 말씀하시고 싶은가요? 저는 그 사람들이 정말로 진지하게 그런 얘기를 하는 줄 몰랐어요."

여자가 흐느낀다.

"또 지난 삼 주 동안 크리스티안은 저를 외면했어요. 어쩌다 제가 크리스티안과 마주칠 때는 친구 네 명이 늘 함께 있었죠. 학교 식당에서도 그들은 늘 자기들끼리 모여서 귓속말로 대화했어요. 아무튼 정말로 일을 저지를 줄이야……."

이 순간, 후프나겔이 주방으로 들어온다.

"반장님! 컴퓨터 옆에서 편지를 발견했어요. 일종의 자백문 같습니다."

벤케가 종이를 들여다본다. 하얀 DIN-A4 용지에 짧은 글이 컴퓨터로 인쇄되어 있다. 아래에는 사망자 다섯 명의 친필 서명이 있는데, 곧 필적 감정 전문가가 그 서명들의 진위 판정에 착수할 것이다. 벤케가 글을 읽는다.

여러분에게 폐를 끼쳐 죄송하다는 말을 분명하게 전합니다. 또 우리의 친구들과 친척들에게 슬픔을 안겨주는 것도 송구스럽습니다. 여러분이 이 편지를 발견한다면, 99.9%의 확률로 일어날 일이 일어난 것입니다. 쉽게 말해서 우리가 죽은 것입니다. 우리 각자는 QS 기계를 최대 열 번 자기 자신을 향해 작동시켰습니다. 매번 총알이 발사될 확률은 50%입니다.

그러나 우리가 확신하건대 여러 세계 이론은 옳습니다. 그러므로 이제 무수한 우주들 가운데 몇몇 우주들에서는 우리 가운데 네 명만 죽고 한 명은 살아 있으며, 또 다른 우주들에서는 한 명이나 두 명 또는 세 명만 죽었습니다. 우리 각자는 어느 우주에선가, 심지어 여러 우주들에서 계속 살아 있습니다. 또 우리 모두가 살아 있는 우주도 있습니다. 그 우주에서 우리는 우리가 겪은 일을 이야기할 것입니다. 우리는 그 일을 비디오로 촬영하기까지 했습니다. 적어도 그 우주에서는 그 비디오가 코펜하겐 해석에 대한 결정적인 반박인 동시에 여러 세계 이론에 대한 최종적인 입증이 될 것입니다. 물론 몇몇 고집스러운 자들은 여러 세계 이론을 믿느니 차라리 확률이 2^{50}분의 1인 사건이 일어났다고 믿겠지만 말입니다. 우리가 보기에 이 획기적인 과학 실험은 감행할 가치가 있었습니다. 이 실험은 인간이 실제로 불멸할 수 있다는 증명과 결부되어 있습니다. 우리는 이 세계에 남은 여러분에게 다른 세계에서 인사를 보냅니다. 우리는 그 다른 세계에 전과 다름없이 여러분과 함께 있습니다.

벤케가 종이를 내려놓는다. 마리나 피셔는 도리질하고 또 도리질한다. 그녀의 슬픔은 이제 분노로 바뀐다. 그녀가 주먹으로 탁자를 내리친다.

"이토록 이기적일 수가!"

그녀가 언성을 높인다.

"설령 그 이론이 옳아서 이 다섯 사람 모두가 주관적으로 살아남는다 하더라도, 무수한 세계의 무수한 사람들이 그들의 죽음 때문에 불행해질 텐데, 그걸 어떻게 나 몰라라 할 수 있지? 도대체 어쩜 이렇게 맹목적일 수 있냐고!"

벤케도 고개를 가로젓는다. 이제껏 그는 물리학을 지극히 합리적인 과학으로 여겨왔다. 세계의 사물들, 이 세계의 사물들을 아주 정확하고 검증 가능한 방식으로 탐구하는 과학으로 말이다. 그리고 이 세계에 지극히 현실적인 시체 다섯 구가 놓여 있다.

"후프나겔!"

벤케가 부하를 부른다.

"장비 챙겨서 철수하자. 내가 보기에 이 사건은 강력계 소관이 아니다."

관찰자가 무슨 구실을 할까?

양자 이론이라는 이상한 세계에 온 독자 여러분을 환영한다. 방금 이야기에서 언급한 대로, 양자 이론은 가장 잘 검증된 물리학 이론의 하나이다. 또한 가장 부실하게 이해된 이론이기도 하다. 양자 이론의 법칙들이 실제로 무엇을 의미하느냐고 학생이 물으면 많은 교수들은 "닥치고 계산해!"라고 대답한다. 그러나 양자 이론의 의미에 대해서 고민한 물리학자들도 당연히 있다. 조금 전 이야기에서도 양자 이론에 대한 여러 해석 가운데 두 가지가 언급되었는데, 그 해석들을 접한 일반인은 기분이 썩 좋지는 않을 것이다.

양자물리학의 법칙들에 접근하는 최선의 길은 2002년 월간지 《피직스 월드 Physics World》의 독자들이 역사를 통틀어 가장 아름다운 실험으로 선정한 이른바 이중슬릿 실험을 살펴보는 것이다. 이 실험의 원래 목적은 빛을 파동으로 보아야 하느냐 아니면 입자로 보아야 하느냐라는 질문에 답하는 것이다(아마 여러분도 알겠지만, 정답은 빛을 파동으로도 간주하고 입자로도 간주해야 한다는 것이다).

광원(단색광, 즉 특정한 파장의 빛만 내는 광원) 앞에 차단벽이 설치되어 있고, 차단벽에 좁은 슬릿 두 개가 뚫려 있다. 광원에서 나오는 빛의 대부분은 차단벽에 막힌다. 차단벽 너머에는 영사막이 있다. 광원이 빛을 내면, 영사막에 어떤 무늬가 나타날까?

우선 빛을 입자로 간주해보자. 광원은 모든 방향으로 빛 입자(광자)들을 발사하는 기관총과 같다. 그렇다면 영사막에는 밝은 띠 두 개가 나타나야 할 것이다.

반면에 빛이 파동이라면, 우리가 제9화에서 보았던 현상이 일어날 것이다. 즉, 슬릿들 너머로 퍼지는 두 파동이 마치 수면 위의 두 물결처럼 겹칠 것이다. 그래서 마루와 마루가 만나는 곳에서는 두 배로 높은 마루가 생겨나고 골과 골이 만나는 곳에서는 두 배로 깊은 골이 생겨날 것이며, 마루와 골이 만나는 곳에서는 두 파동이 상쇄될 것이다. 이 현상을 일컬어 '간섭'이라고 한다.

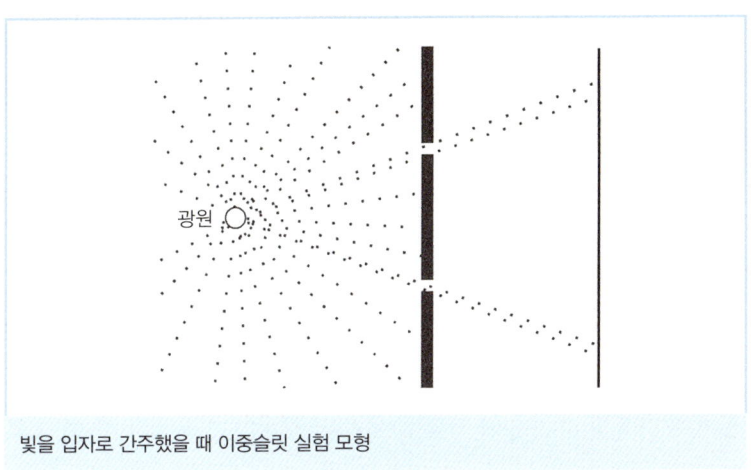
빛을 입자로 간주했을 때 이중슬릿 실험 모형

앞서 소리 파동을 다룰 때 보았듯이, 장애물(이 경우에는 슬릿) 너머로 퍼지는 파동을 생각할 때는 장애물을 새로운 파원波源으로 간주할 수 있다.

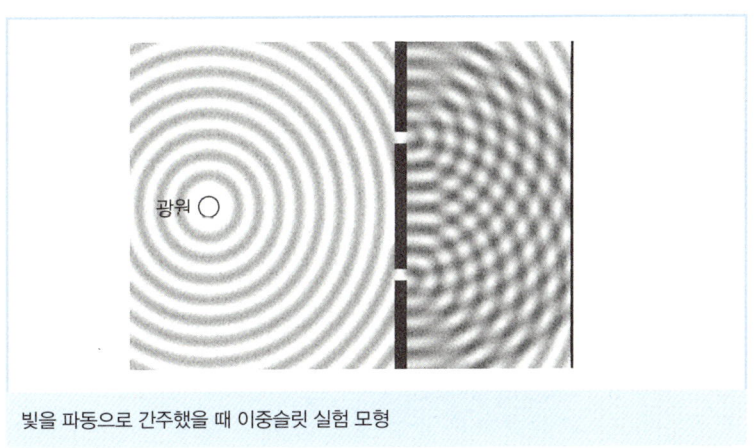
빛을 파동으로 간주했을 때 이중슬릿 실험 모형

제10화 양자 컬트 205

이런 식의 파동 모형을 채택하면, 영사막에 줄무늬가 생긴다는 결론에 도달하게 된다. 정확히 말해서, 중앙에 (중앙은 광선이 곧장 닿을 수 없는 자리인데도) 아주 밝은 띠들이 있고 그 양옆으로 점점 더 흐릿한 띠들이 이어지는 무늬가 생긴다는 결론이 나온다.

실제로 실험을 해보면, 줄무늬가 생긴다. 요컨대 명백하게 파동 모형이 옳고 입자 모형이 그르다. 그 줄무늬를 입자 모형으로 설명할 수 있을까? 그러려면 빛 입자들이 슬릿을 지나면서 복잡하게 튕겨져 나가고 그다음에 서로 충돌하는 것까지 고려해야 할 테니 무척 어려울 것이다.

그러나 광원을 점점 더 어둡게 만들면, 즉 광원에서 나오는 빛의 양을 점점 더 줄이면, 다시 입자 모형이 요긴해진다. 실제로 광원을 극도로 어둡게 만들어서 한 번에 광자 하나만 방출하도록 만들고 영사막의 감도를 충분히 높이면, 영사막에 빛점이 하나씩 생기는 것을 볼 수 있다. 그 빛점은 광자 하나가 영사막에 도달했다는 증거이다. 이 현상은 파동 모형으로 설명할 수 없고 오로지 입자 모형으로만 설명할 수 있다.

하지만 그런 식으로 오랫동안 광자들을 충분히 많이 발사하면, 다시금 익숙한 줄무늬가 생긴다. 요컨대 빛 입자는 마치 파동의 한 부분처럼 행동한다. 빛 입자는 다른 빛 입자들과 간섭한다.

'다른 빛 입자들과 간섭한다'는 말은 무슨 뜻일까? 우리는 기관총의 발사 속도를 충분히 낮춰서 광자들이 하나씩 차례로 발사되도록 만들 수 있다. 그러면 매 순간 오직 한 개의 '총알'만 날아가는데도 줄무늬가 생긴다. 이 현상을 이해하려면 빛 입자가 자기 자신과 간섭한다고 생각할 수밖에 없다.

그러나 자기 자신과 간섭한다는 말은 또 무슨 뜻이란 말인가? 광자는 아래 슬릿을 통과했을까, 아니면 위 슬릿을 통과했을까? 우리는 모른다. 광자가 두 슬릿 모두를 통과했고 그럼으로써 스스로 자기 자신의 궤적에 영향을 끼쳤다는 말도 어느 정도 타당하다. 광자가 두 슬릿 각각을 통과할 확률은 50%이지만, 아무도 광자의 슬릿 통과를 관찰하지 않았으므로, 우리는 광자가 실제로 어느 슬릿을 통과했는지 말할 수 없다.

한동안 사람들은 입자가 파동 위에 '올라탄다'는 말로 빛의 기이한 이중성을 설명하려 했지만, 이 해석은 폐기되었다. 양자 이론의 명확한 메시지는 우리가 기본 입자를 총알이나 탁구공처럼 생각하면 안 된다는 것이다. 기본 입자는 이른바 파동함수를 통해 정의되는데, 파동함수는 기본 입자가 있는 장소에 관한 확률을 알려준다. 하지만 기본 입자가 특정 장소에서 측정되지 않는 한, 기본 입자는 어디에도 있지 않다. 누군가가 기본 입자를 측정할 때—이중슬릿 실험에서는, 기본 입자가 영사막에 도달할 때—비로소 파동함수가 붕괴하고 입자는 특정 장소에 있게 된다. 즉, 빛점이 나타난다.

빛, 곧 질량 없는 광자가 이처럼 파동과 입자의 기이한 이중성을 지녔다는 것까지는 받아들일 만할 수도 있다. 그러나 실은 모든 기본 입자가 그런 이중성을 지녔다. 물질의 재료가 되는 기본 입자들도 마찬가지다. 1961년에 전자들을 이용한 이중슬릿 실험이 이루어졌고, 그 실험에서도 간섭무늬가 나타났다. 몇 년 전에는 이중슬릿을 향해 복잡한 분자들을 발사하는 실험이 이루어졌다. 그 분자들 각각은 탄소 원자 60개로 이루어진 이른바 '버키볼'이었는데, 이 실험에서도 간섭무늬가 나타났다.

이런 결과들은 모든 물질이 파동성을 지녔음을 의미한다. 버키볼보다 더 큰 물체를 이용한 이중슬릿 실험에서도 간섭무늬가 나타날까? 이중슬릿을 향해 바이러스나 박테리아를 발사해도 간섭무늬가 나타날까? 고양이나 사람을 발사해도?

이 질문과 밀접하게 연관된 또 다른 질문은 이것이다. 무엇이 파동함수의 붕괴를 유발할까? '관찰'이란 정확히 무엇일까? 코펜하겐 해석을 지지한 일부 과학자들은 관찰이란 의식을 가진 존재가 측정을 수행하는 것이라는 입장을 취했다. 그러나 에르빈 슈뢰딩거Erwin Schrödinger가 1935년에 제안한, 고양이가 등장하는 사고실험은 이 입장을 반박한다. 그 사고실험의 묘미는 양자세계의 사건(원자의 붕괴)과 일상세계의 사건(고양이의 죽음)을 연결한 것에 있었다. 거시세계의 법칙들은 미시세계의 법칙들과 다르다는 일부 물리학자들의 땜질식 논리는 슈뢰딩거의 사고실험 앞에서 완전히 무력해졌다.

슈뢰딩거가 고양이 역설을 통해 제기한 질문은 이것이다. 파동함수를 붕괴시키는 '관찰'의 본질은 무엇인가? 오래된 선불교의 화두가 떠오른다. 숲에서 나무가 쓰러질 때, 그 소리를 들을 자가 없다면, 나무는 소리를 내는 것일까? 관찰자는 지능이 얼마나 높아야 할까? 고양이의 지능으로는 부족할까?

관찰자는 높은 지능을 갖추고 측정을 수행하는 존재여야 한다는 생각은 아주 불합리한 귀결들로 이어진다. 아일랜드의 물리학자 존 스튜어트 벨John Stewart Bell은 1990년에 이렇게 썼다. "'측정자' 노릇을 할 물리적 시스템은 정확히 어떤 조건을 갖춰야 할까? 세계의 파동함수는 까마득한 세월 동안 붕괴하지 않다가 지구에 단세포 생물이 출현했을 때 비로소 붕괴했을까? 혹은 더 오랜 세월이 흘러 자격을 갖춘 시스템…… 박사학위를 지닌 시스템이 출현했을 때 비로소 붕괴했을까?"

우리가 이중슬릿에 측정 장치를 설치하여 날아가는 입자 각각이 어느 슬릿을 통과하는지 확인하면, 영사막에는 간섭무늬가 아니라 '기관총 모형'이 예측하는 두 개의 띠가 나타난다. 마치 입자들이 측정되고 있음을 입자들 자신이 알아채고 어쩔 수 없이 두 슬릿 중 하나를 선택해서 통과하는 듯한 결과가 나오는 것이다. 이 상황에서 두 상태의 중첩은 불가능하다. 그런데 이 일은 인간 관찰자가 곁에 있는지 여부와 상관없이 일어난다. 인간 관찰자가 실험실을 떠났다가 나중에 돌아와서 확인해도 결과는 마찬가지다.

오늘날 지배적인 해석에 따르면, 파동함수를 붕괴시키는 것은 곁에 있는 관찰자가 아니라 다른 물리적 시스템들과의 상호작용이다. 그리고 측정은 그런 상호작용이 있어야만 가능하다. 슈뢰딩거의 고양이 사고실험의 경우에 그런 상호작용은 이미 가이거 계수기가 원자의 붕괴를 포착할 때 일어난다. 따라서 고양이의 죽음은 상자의 뚜껑을 여는 사람이 없어도 확정된다.

물리적 대상과 환경 사이의 상호작용을 막는 일은 대상의 크기가 클수록 더 어렵다. 고양이를 이용한 이중슬릿 실험이 성공하기 어려운 까닭이 여기에 있다.

그러나 모든 물리학자가 이런 견해에 동의하는 것은 아니다. 여러 세계 이론을 지지하는 이들도 있다. 양자 이론을 어떻게 해석할 것인가라는 질문이 과연 과학적 문제인지, 양자 이론에 대한 다양한 해석들을 실험적으로 구별할 수 있는지는 오늘날 물리학계에서 뜨거운 논쟁거리다. 평행우주들과 우리 우주가 원리적으로 완벽하게 분리되어 있어서 평행우주들에서 나온 정보가 우리에게 결코 도달할 수 없다면, 평행우주들의 존재 여부가 과학적으로 과연 유의미할까? "평행우주들이 있다"라는 말은 도대체 무슨 뜻일까?

막스 테그마크가 1997년에 제안한 양자 자살을 제대로 이해하려면 이 같은 맥락을 고려해야 한다. 테그마크는 관련 논문에서 코펜하겐 해석과 여러 세계 이론 중에 어느 것을 선택하느냐는 결국 취향의 문제라고, 왜냐하면 이 두 해석들의 실험적 귀결이 적어도 객관적으로는 다르지 않기 때문이라고 썼다. 그러나 여러 세계 이론이 옳다면, 주관적으로는 우리 이야기 속의 자살자들이 꿈꾼 역설적인 경험이 가능할 수도 있다. 물론 테그마크는 양자 자살 실험을 실행하는 사람이 있으리라고 생각하지 않았다.

 클로즈업 물리학 Q

오늘 태어나는 사람이 80년 뒤에도 살아 있을 확률은 통계적으로 50%이다. 바꿔 말해서 80년 뒤에는 오늘의 신생아들 가운데 절반이 죽었을 것이다. '옥토긴티움'이라는 가상의 방사성 원소가 있는데, 이 원소의 반감기는 80년이라고 해보자. 바꿔 말해서 80년 뒤에는 오늘 존재하는 옥토긴티움 원자들의 절반이 붕괴했을 것이다. 사람이 죽는 것도 일종의 붕괴라면, 이 두 '붕괴 과정'에 관한 아래의 진술들 중에서 무엇이 옳을까?

a) 살아남은 사람과 원자의 비율은 매 순간 대략 같다.
b) 처음 80년 동안에는 살아남은 사람이 살아남은 원자보다 더 많고, 그다음에는 그 반대다.
c) 처음 80년 동안에는 살아남은 원자가 살아남은 사람보다 더 많고, 그다음에는 그 반대다.

제11화 특허청에서
공짜로 에너지를 얻는 방법

두 남자가 뮌헨에 위치한 독일 특허청의 대기실에 앉아 있다. 관청의 분위기가 전혀 풍기지 않는 방이다. 서류 냄새를 맡을 수 없고, 조명은 밝으며, 가구는 현대적이지만 편안하고, 심지어 곳곳에 화분까지 있다.

가장자리에 벽을 따라 놓인 의자들은 대부분 비어 있다. 특허청에는 제각각 복잡한 장치를 들고 온 미친 발명가들이 우글거린다는 통념은 옛날에나 타당했다. 요새 특허 출원자와 특허청 사이의 소통은 주로 인터넷을 통해 이루어진다.

그러나 두 남자는 오늘 정성을 담아 특허를 출원하기 위해 몸소 특허청에 왔다. 한 남자는 65세쯤 되어 보이는 노인이다. 머리숱이 적고 옷차림은 연금생활자의 표준이라 할 만하다. 짙은 황갈색

바지, 짙은 황갈색 재킷, 격자무늬 셔츠, 노인성 관절염 환자를 위한 특수 구두. 다른 남자는 30대 중반이다. 정장에 넥타이를 맸고 앞 머리카락 전체에 젤을 발라 뒤로 말쑥하게 넘겼다.

"실례합니다만, 저는 프레리히라고 합니다. '최후 에너지 회사'에서 일하죠."

젊은이가 자신을 소개한다.

"반갑습니다. 저는 마이어베어입니다."

늙은이가 자신을 밝히며, 덧붙여 말한다.

"소속된 회사는 없어요. 프리랜서 발명가이니까요."

"그런데 무슨 특허를 출원하려고 오셨습니까? 혹시 제가 주제넘은 질문을 드린 게 아닌지……."

"원, 별말씀을. 저는 아무것도 감출 게 없습니다. 어차피 특허를 받아도 부자가 될 일은 없으니까요."

마이어베어가 웃으면서 이어 말한다.

"저에게 발명은 취미생활에 가까워요. 저는 자석을 연구하고 있지요. 그런데 얼마 전에, 자석을 교묘하게 이용하면 물체들을 계속 움직이게 만들 수 있다는 결론에 도달했습니다."

"아하, 저도 알아요. 《짐 크노프와 기관사 루카스 *Jim Knopf und Lukas der Lokomotivführer*》에 나오는 그 영구 운동 장치!"

프레리히가 미소를 지으며 아는 척을 한다.

"그래요, 내가 '자석'이라는 말만 꺼내면 다들 그 어린이 소설을 이야기하더군요."

마이어베어가 대답하고는 조금 난감한 듯이 웃는다.

"그 소설에서는 기관차 '엠마'의 코앞에 자석을 매달아 놓으니까 엠마가 끝없이 전진하지요. 하지만 그건 기관차에게는 통하지 않고 개에게나 통하는 방법입니다. 개의 등에 막대기를 묶어놓고 막대기 끝에 소시지를 매달아서 소시지가 항상 개의 코앞에서 달랑거리게 만들면, 개는 계속 앞으로 달려가겠죠."

젊은이가 늙은이에게 바투 다가온다.

"어쨌든 공짜 에너지와 관련이 있는 특허죠? 영구 기관 맞죠?"

"쉿!"

마이어베어가 경계하는 눈초리로 주위를 둘러본다.

"이곳에서 그 단어는 절대 금물입니다. '특허 출원 안내문'도 안 읽어봤어요? 거기에 '특허 출원이 불가능한 발명품들'이 명시되어 있는데, 그중 하나가 '에너지를 투입하지 않아도 일을 하는 기계, 즉 영구 기관'이란 말이오. 나는 조심성 없이 그 단어를 썼다가 퇴짜를 맞은 적도 있소."

"아무튼 선생님은 영구 기관을 발명했다고 믿으시는 거죠? 한번 보여주세요."

프레리히가 잔뜩 달아올랐다.

늙은이가 자기 가방을 열고 나무와 금속으로 만든 모형 하나를 꺼낸다.

"아직은 미완성이에요. 중국에서 제작하는 슈퍼자석을 주문해 놨는데, 그게 도착해야 완성됩니다. 하지만 원리는 명확하죠."

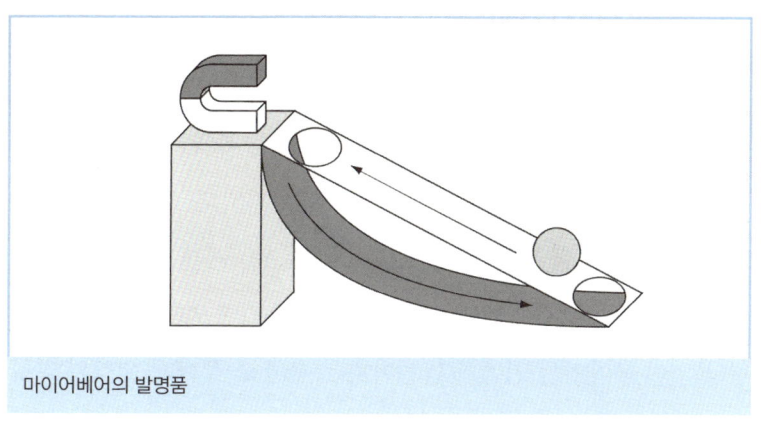

마이어베어의 발명품

마이어베어가 모형을 탁자 위에 올려놓고 바지 주머니를 뒤적여 쇠구슬을 꺼낸다. 지름이 1cm 정도 되어 보인다.

"보세요. 이건 경사면이에요. 여기 단 위에 엄청나게 강한 자석이 설치될 것이고요. 쇠구슬을 끌어당겨서 경사면을 따라 올라오게 만들 만큼 강한 자석이지요. 그런데 끌려 올라온 쇠구슬은 자석에 도달하기 전에 구멍으로 빠지고 곡선 경로를 따라 굴러 내려가 원위치로 돌아갑니다. 그다음에는 이 모든 과정이 되풀이되고요."

"자석이 너무 세서 쇠구슬이 구멍 위로 날아가서 자석에 붙지 않을까요?"

프레리히가 고개를 갸웃거리며 묻는다.

"그렇게 세지는 않을 겁니다. 또 만에 하나 문제가 생긴다면, 구멍을 조금 더 크게 뚫으면 해결되겠죠."

마이어베어가 자신 있게 말한다.

"하지만 이 장치를 어디에다 써먹죠? 이건 아무 일도 못 하는 기계잖아요."

젊은이는 이 발명품에서 시장성을 발견할 수 없는 모양이다.

"이것은 일단 시제품입니다. 시험용이라고요. 이 모형이 뜻대로 작동하면, 조금 변형된 새 모형에서는 구슬 여러 개가 경사면으로 올라온 다음에 내려가면서 톱니바퀴를 돌리게 만들 겁니다. 그러면 끝없이 돌아가는 기계가 만들어지는 것이죠. 무에서 에너지를 창조하게 되는 겁니다."

"음, 일리가 있을 것도 같네요. 하지만 조심하십시오. 특허청 직원들은 무에서 에너지를 창조한다는 말만 들어도 심한 과민반응을 보이니까요."

프레리히가 말한다.

"조언 고맙소. 내 명심하리다. 그런데 댁은 서류가방에 무얼 가져오셨소?"

늙은이가 말한다. 그러나 프레리히가 입을 열기도 전에 상담실 문이 열리고 40세쯤 된 여직원이 고개를 내민다.

"마이어베어 씨, 들어오세요!"

"이런, 벌써 선생님 차례군요. 제 설명은 다음 기회로 미뤄야겠네요."

프레리히가 말한다.

"진심으로 선생님의 행운을 빕니다!"

솔직히 프레리히는 괴짜 연금생활자에게 자신의 발명품을 설명할 필요가 없어져서 기쁘다. 터놓고 말해서 그 발명품은 그의 사업비밀이 아닌가. 그는 두 친구와 함께 그 발명품을 토대로 설립한 '최후 에너지 회사'를 통해 막대한 돈을 벌 요량이다. 세계는 에너지 문제에 직면했고, 그의 서류가방에는 그 문제를 해결하는 데 기여할 기계의 설계도가 들어 있다.

프레리히는 도면들을 간추린 파일을 열어보면서 임박한 발표회를 다시 한 번 상상한다. 이번 발표가 운명을 좌우할 것이다. 말을 더듬거나 헤매면 안 된다. 모든 문장이 명료해야 한다.

"물통 속에 수직으로 컨베이어 벨트를 설치하고……."

프레리히가 혼자 중얼거린다.

"벨트 위에 실린더를 짝수 개 고정시킵니다. 실린더 각각에 딸린 피스톤은 사실상 마찰 없이 움직입니다. 서로 반대편에 있는 실

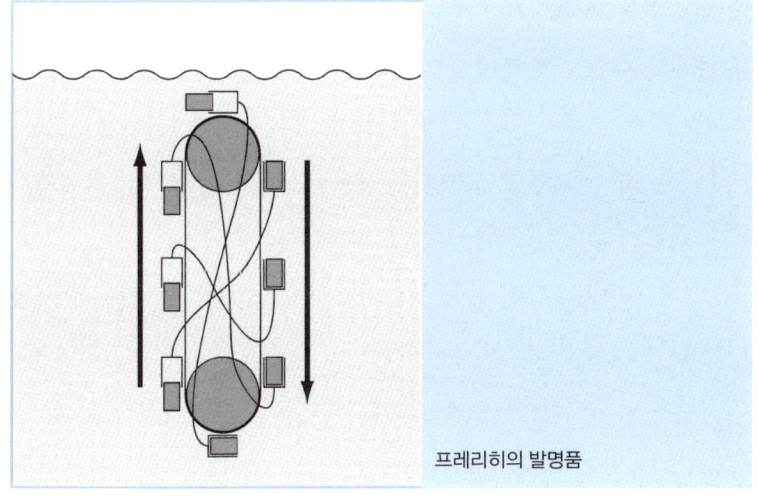

프레리히의 발명품

린더 한 쌍은 관으로 연결되어 있는데, 그 관과 실린더 한 쌍 속에 들어 있는 공기의 양은 피스톤 하나가 완전히 빠져나오고 다른 하나는 완전히 들어갈 만큼입니다. 오른편 실린더들에서는 피스톤이 자체 무게로 아래로 내려가면서 공기를 반대편 실린더로 밀어냅니다. 왼편 실린더들에서는 피스톤이 아래로 내려가면서 실린더 내부의 공간이 최대로 커집니다. 그런데 실린더 각각은 자신이 밀어낸 물의 무게만큼 부력을 받으므로, 오른편 실린더들은 왼편 실린더들보다 더 큰 부력을 받습니다. 따라서 컨베이어 벨트는 시계 방향으로 회전하기 시작하고, 이 회전은 끝없이 계속됩니다……."

이 순간, 상담실 문이 다시 열리고 마이어베어가 나온다. 프레리히는 그의 표정에서 일이 뜻대로 되지 않았음을 읽어낸다.

"뭐가 잘 안 되었어요?"

"예, 또 허탕이네요. 내가 '외부에서 에너지를 투입하지 않아도'라는 말을 꺼내기 무섭게 여직원이 열역학 제1법칙을 운운하더니 내 기계가 자연 법칙에 맞지 않는다고 말했어요. 실험해보지도 않고 말이오."

"하지만 선생님도 그 기계를 작동시키신 적이 없지 않습니까?"

프레리히가 회의적인 태도로 되묻는다.

"아, 글쎄, 주문한 중국산 슈퍼자석이 오기를 기다리는 중이라니까요."

마이어베어가 대답한다. 그는 벌써 모욕감 비슷한 것을 느낀다. 자신이 성가신 괴짜로 낙인찍혀서 진지한 대접을 못 받는다고 느낀다.

"다음번을 위해서 제가 조언 하나 드릴게요."

열정적인 젊은 사업가가 서류철에서 종이 한 장을 꺼내며 이어 말한다.

"선생님의 기계가 에너지를 만들어내는 장치라고 자랑하시면 절대로 안 돼요. 이걸 한번 보세요."

마이어베어가 프레리히의 특허 출원서를 유심히 살펴본다.

"'남녀노소를 경탄시키는 장난감'이라…… 이 기계도 틀림없이 에너지와 관련이 있군요. 그렇죠? 에너지에 관한 언급은 어디에 나옵니까?"

"각주에 살짝 집어넣었어요. 이 작은 스위치를 설명하는 각주인데, 여기 있네요."

프레리히가 씩 웃으며 대답한다. 마이어베어는 깨알 같은 글씨로 인쇄된 각주를 읽기 위해 주머니에서 돋보기안경을 꺼낸다.

"'기계가 끝없이 계속 작동하는 것을 막기 위한 장치.' 그러니까 영구 기관이 영원히 작동하는 것을 막는 스위치란 말이오?"

"예, 그렇고말고요. 요컨대 이 스위치 덕분에 기계는 영원히 작동하지 않고 따라서 자연 법칙을 위반하지 않습니다. 그러므로 저는 특허를 받아야 마땅하고요."

풀이 죽은 노신사가 작별인사를 건넬 틈도 없이 프레리히는 상담실 안으로 사라진다.

영원한 운동이라는 오래된 꿈

사람들은 에너지를 투입하지 않아도 계속 일을 하는 기계를 오래전부터 꿈꿨다. 맨 처음은 인도의 수학자이자 천문학자인 바스카라Bhaskara였다. 그가 1100년경에 고안한 기계는 영원히 작동한다고 주장된 최초의 기계였다. 그 기계는 움직이는 망치들을 매단 바퀴였는데, 그 망치들의 움직임 때문에 바퀴는 항상 한쪽이 반대쪽보다 더 무겁고 따라서 계속 회전한다고 바스카라는 주장했다.

이 기계는 우리의 이야기에서 프레리히가 개발한 영구 기관과 매우 흡사하다. 바스카라 이후 수백 년 동안 영구 기관의 꿈은 유럽에도 전해져 레오나르도 다빈치Leonardo da Vinci 같은 위대한 사상가들마저 사로잡았다. 당시의 물리학은 영구 기관의 불가능성을 증명할 수 있는 수준에 못 미쳤다. 그러나 19세기에 열역학 법칙들이 발

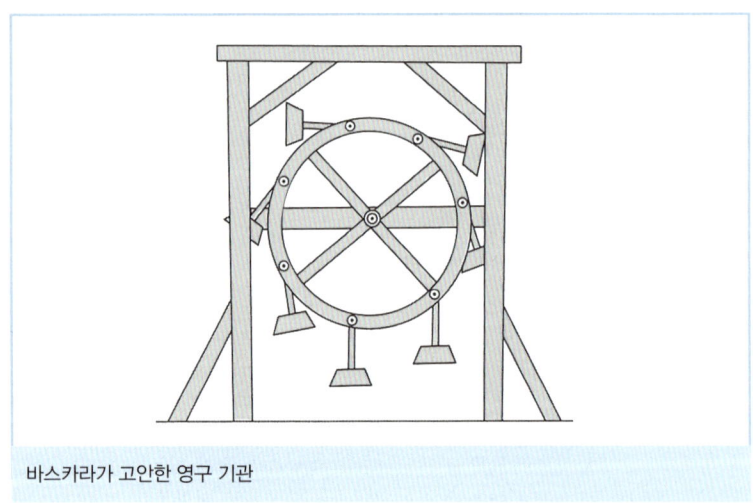

바스카라가 고안한 영구 기관

견되어 거의 모든 영구 기관의 불가능성이 증명된 뒤에도 영구 기관과 관련한 발명의 홍수는 가시지 않았다. 바로 오늘, 기후에 악영향을 끼치지 않으면서 우리의 에너지 수요를 충족시킬 청정에너지를 온 인류가 필사적으로 추구하는 지금도 인터넷에는 영구 기관 관련 웹사이트들이 우후죽순처럼 생겨난다. 그 사이트들은 에너지 문제를 해결했다고 주장한다. 구글에서 '공짜 에너지free energy'를 검색해보라.

실제로 특허청 직원들은 영구 기관 관련 발명은 심사조차 하지 말라는 지침을 하달받는다. 영구 기관 발명자는 원과 면적이 같은 정사각형을 작도했다고 주장하는 사람과 같은 대접을 받는다. 이 작도는 이미 오래전에 불가능하다는 것이 판명되었지만, 아직도 많은 사람이 그 불가능한 과제를 해결했다고 주장한다.

무릇 영구 기관의 불가능성을 논하기에 앞서 우리의 이야기 속 발명가들이 만든 두 기계를 좀 더 자세히 살펴보자. 우선 마이어베어가 만든 자석 장치를 검토해보자. 이 장치는 실은 마이어베어의 창작이 아니라 훨씬 더 오래된 것이다. 이 장치에 관한 기록은 영국교 주교이며 왕립학회의 공동창립자인 존 윌킨스John Wilkins의 저서 《수학 마술 : 역학적 기하학에 의해 실행될 수도 있는 기적들Mathematical magic : The wonders that may be performed by mechanical geometry》에 처음 등장한다. 윌킨스는 이 영구 기관이 1562년에 요하네스 타이스니에루스Johannes Taisnierus에 의해 개발되었다고 전하면서 곧바로 이 기계가 왜 작동할 수 없는지 설명했다. 경사면의 위쪽 끝 근처에서는 자석의 힘이 아주 세서 구슬이 구멍으로 빠지지 않고 구멍 위로 날아가 자석에 붙어버린다는 취지였다.

그러나 이 같은 간단한 설명으로는 이 자석 장치의 불가능성을 충분히 보여줄 수 없다. 이미 우리의 이야기에서도 마이어베어는 이 설명에 맞서 반론을 내놓았다. 이 장치의 작동에 관여하는 힘들을 살펴보자.

경사면 위의 구슬은 일정한 활강력 F_H를 받는다(45쪽 참조). F_H는 중력 F_G에서 비롯되며 경사면이 얼마나 가파른가(경사각)에 따라 달라진다. 경사면의 아래쪽 끝에서 구슬은 자기력 F_1을 받는다. 구슬이 굴러 올라가기 시작하려면 F_1은 F_H보다 커야 한다. 구슬이 높이 올라갈수록, 자기력은 점점 더 강해지고, 따라서 구슬의 가속도 역시 점점 더 커진다. 그렇지만 구슬의 무게가 자기력의 수직 성분

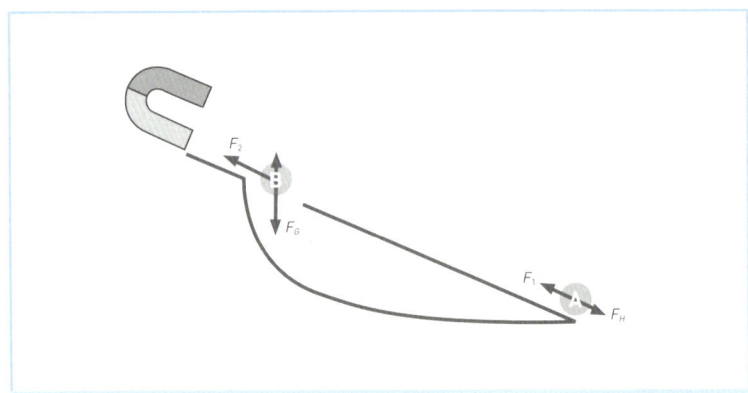

이야기에 나오는 마이어베어의 발명품은 실은 1562년에 요하네스 타이스니에루스에 의해 개발되었다(F_H : 활강력, F_G : 중력, F_1 : 경사면의 아래쪽 끝에서 구슬이 받는 자기력, F_2 : 경사면의 위쪽 끝에서 구슬이 받는 자기력).

보다 크고 구멍도 충분히 커서 구슬이 구멍으로 빠지도록 만드는 것은 얼마든지 가능하다. 구멍 아래의 곡선 경로를 적당히 제작하기만 하면 구멍으로 빠진 구슬이 원위치로 복귀하게 만들 수 있다. 경사면의 아래쪽 끝에 또 하나의 구멍을 뚫는다는 마이어베어의 발상은 그리 믿음직스럽지 않지만 그래도 실행이 불가능한 것은 아니다. 어쨌거나 구슬이 원위치에 도달하기만 하면, 모든 과정이 되풀이된다.

어디에 오류가 있을까? 이 질문에 대답하려면 에너지 보존 법칙을 알아야 한다. 반원 궤도 위에서 왔다 갔다 굴러다니는 구슬을 생각해보자.

구슬은 처음에 A 지점에 멈춰 있다가 움직이기 시작한다. 구슬은 점점 더 빨라지고 B 지점에서 최고 속도에 도달한 다음 점점 더 느려져 C 지점에서 멈추고 다시 굴러 내려간다. 마찰력이 충분히 작다면, 구슬은 꽤 오랫동안 왔다 갔다 굴러다닐 것이다. 만약에 마찰

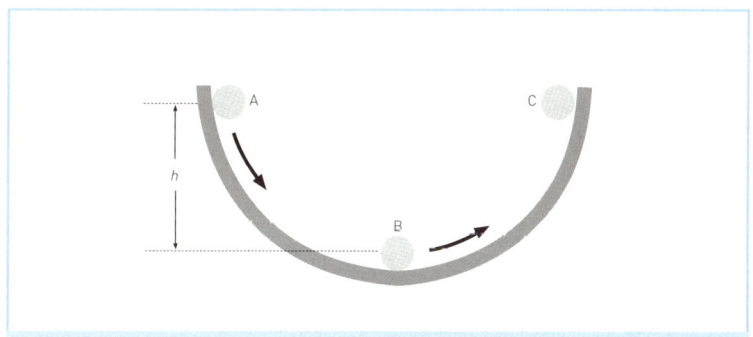

에너지 보존 법칙을 설명하는 그림. 구슬이 A와 C 지점에서 위치 에너지가 최대가 되고, B 지점에서 운동 에너지가 최대가 된다. 그리고 구슬이 어느 지점에 있든 상관없이, 구슬이 지닌 위치 에너지와 운동 에너지의 합은 항상 똑같다.

이 전혀 없다면, 구슬의 운동은 영원히 계속될 것이다. 그러나 이 장치는 영구 기관이 아니다. 왜냐하면 구슬이 하는 일이 없기 때문이다. 구슬은 자신의 에너지를 늘 그대로 보유한다. 만약에 구슬이 궤도의 중간에서 이를테면 작은 톱니바퀴를 회전시키고, 우리가 그 회전을 이용해서 전력을 생산한다면, 구슬은 눈에 띄게 느려질 것이고 궤도의 반대편 끝까지 올라가지 못할 것이다.

이처럼 에너지란 잠재적인 일, 혹은 저장된 일이라고 할 수 있다. A 지점에 멈춰 있는 구슬은 에너지를 보유하고 있다. 왜냐하면 그 구슬은 궤도를 따라 굴러 내려가서 일을 할 수 있기 때문이다. 반면에 B 지점에 멈춰 있는 구슬은, 이 시스템 안에서는, 쓸모가 없다.

이 시스템 안에서 구슬은 두 가지 형태의 에너지를 보유할 수 있다. 그것들은 위치 에너지와 운동 에너지이다.

위치 에너지는 우리가 구슬을 특정 높이에 갖다 놓으면 발생한다. 이때 높이가 0인 지점이 어디인지는 우리 마음대로 정할 수 있다. 예컨대 위의 장치가 해수면 높이에 있든 엠파이어스테이트빌딩 꼭대기에 있든 상관없이 우리는 궤도상의 최저 위치를 높이가 0인 지점으로 설정할 수 있다.

특정 높이에 있는 구슬의 위치 에너지는 구슬을 그 높이에 갖다 놓는 데 필요한 일과 같다. 이때 일은 힘 곱하기 거리이며, 힘은 구슬의 무게이다. 구슬의 무게는, 제2화에서 보았듯이, 구슬의 질량 곱하기 중력가속도이다.

요컨대 A 또는 C 지점에 있는 구슬의 위치 에너지 V는 다음과 같다.

$$V = h \times m \times g$$

B 지점에서 위치 에너지는 0이다. 질량이 m이고 속도가 v인 물체의 운동 에너지 T는 아래와 같다.

$$T = \frac{1}{2} \times m \times v^2$$

A 지점과 C 지점에서 구슬은 멈춰 있으므로 구슬의 운동 에너지는 0이다. 그럼 B 지점에서 구슬의 운동 에너지는 얼마일까? 가속도 운동에 관한 공식들을 이용하여 계산해보면, 구슬이 B 지점을 통과할 때의 속도가 아래와 같음을 알 수 있다.

$$v = \sqrt{2 \times h \times g}$$

이 결과를 T에 관한 등식에 집어넣으면, 최저 지점에서의 운동 에너지가 최고 지점에서의 위치 에너지와 같다는 결론이 나온다. 다시 말해 구슬이 운동하는 동안, 위치 에너지가 운동 에너지로 또는 운동 에너지가 위치 에너지로 바뀌는 에너지 변환이 일어난다.

구슬이 궤도의 어느 지점에 있든 상관없이, 구슬이 지닌 위치 에너지와 운동 에너지의 합은 항상 똑같다. 물리학자들이 에너지 보존 법칙이라고 부르는 이 사실은 영구 기관의 대부분이 불가능한 이유이다. 당연한 말이지만, 현실에서 구슬은 마찰력 때문에 끝없이 굴러다니지 못하고 언젠가 B 지점에 멈출 것이다. 그때 구슬의 속도는 0이고 운동 에너지와 위치 에너지도 0이다. 그럼 구슬이 원래 보유했던 에너지는 어디로 간 것일까? 마찰이 일어나면 열이 발생한다. 구슬의 에너지는 열에너지로 변환된 것이다. 이 열에너지는 현실에서 거의 감지되지 않을 것이다. 왜냐하면 궤도와 구슬이 공기와 접촉하고 있으므로, 마찰로 인해 발생한 열이 신속하게 공기 중으로 방출될 것이기 때문이다. 그러나 이 장치가 정말로 닫힌 시스템이라면, 구슬이 보유했던 에너지는 실제로 열의 형태로 보존될 것이다.

에너지 보존 법칙의 또 다른 귀결은 다음과 같다. 구슬이 과거에 있던 위치에 다시 도달한다면, 그때 구슬의 속도는 과거에 거기에서 지녔던 속도와 같거나 그보다 더 느리다. 왜냐하면 현재의 위치 에너지가 과거의 위치 에너지와 같으므로, 현재의 운동 에너지가 과거의 운동 에너지보다 더 클 수는 없기 때문이다.

마이어베어의 자석 '영구 기관'에서 구슬은 두 가지 힘을 받는다. 하나는 지구의 중력장에서 유래하는 힘이고, 나머지 하나는 자석이 발휘하는 힘이다. 자석의 자기장 역시 '보존적'이다. 즉, 중력장 안에서 성립하는 것과 똑같은 에너지 보존 법칙이 자기장 안에서 성립한다. 물리학에서 힘들은 아무 문제없이 중첩된다. 따라서 우리는 중력장과 자기장을 서로 무관한 대상들로 여길 수 있다. 그러면 다음과 같은 결론이 나온다. 중력장 안에서의 에너지와 자기장 안에서의 에너지가 보존된다면, 전체 시스템 안에서의 에너지도 보존된다. 이론적으로 구슬은 시스템 안에서 마치 진자처럼 여러 번 왕복 운동을 할 수 있다(비록 실제 실험에서 그런 왕복 운동이 실현된 사례는 아직 확인하지 못했지만). 그러나 그 과정에서 구슬은 추가 에너지를 얻지 못하며 속도가 더 빨라지지 못한다. 게다가 무엇보다도 구슬은 일을 전혀 하지 못한다. 그러므로 마이어베어의 발명품은 영구 기관이 아니다.

이 논증이 너무 추상적이라고 느끼는 독자들을 위해 보충 설명을 제시하겠다. 구슬이 경사면으로 굴러 올라오기에 앞서 출발점에 있을 때, 구슬의 속도는 0이다. 따라서 구슬이 시스템을 한 바퀴 돌아 출발점에 돌아왔을 때 구슬의 속도는 0보다 클 수 없다. 다시 말해 구슬은 방금 전에 살펴본 반원 궤도 위의 구슬이 반대편 끝에 도달할 때처럼 점점 느려지면서 출발점으로 돌아올 것이다. 그러므로 만일 마찰이 조금이라도 있다면, 구슬은 출발점에 이르지 못하고 오던 길을 되돌아갈 것이다. 실제로 안정적인 지점, 즉 말하자면 에너지가 0인 지점이 곡선 경로의 중간에 존재한다. 아래의 그림을 보면서 생각해보자.

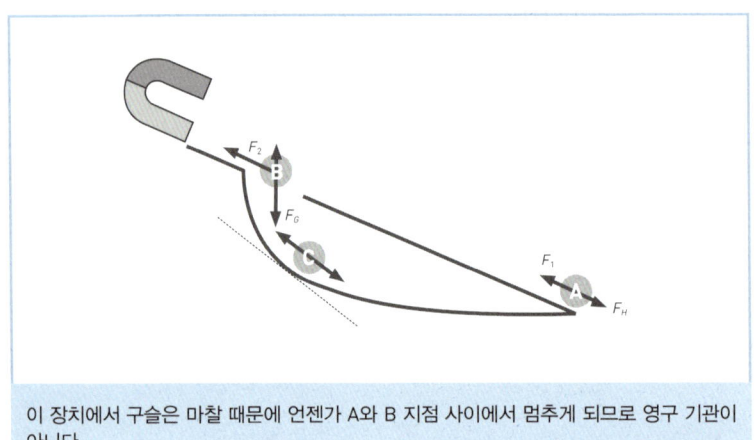

이 장치에서 구슬은 마찰 때문에 언젠가 A와 B 지점 사이에서 멈추게 되므로 영구 기관이 아니다.

구슬이 떨어지기 시작하는 지점 B에서 중력은 자기력의 수직 성분을 능가한다. 따라서 구슬은 벽에 부딪힌 다음에 곡선 경로로 굴러 내려간다. 그 경로의 끝 A에서 구슬은 다시 경사면 위에 놓이고 자기력은 활강력보다 더 크다. 그러므로 궤도에 평행한 자기력 성분과 활강력이 같아지는 지점 C가 B와 A 사이 어딘가에 존재해야 한다. 그리고 구슬은 마찰 때문에 언젠가 바로 그 지점 C에서 멈추게 된다.

그렇다면 적어도 프레리히는 독창적인 영구 기관을 발명했을까? 그의 발명품 역시 이미 제작되었고 1830년에 런던에서 특허까지 받았다. 이런 기계로 특허청 직원을 속이는 데 성공하는 영리한 괴짜들은 지금도 있다.

부력을 이용한 이른바 영구 기관은 한두 가지가 아니다. 아마도 부력이 중력의 반대 방향으로 작용하는데다가 밀도가 물보다 낮은 물체를 물속에 집어넣기만 하면 곧바로 작용하기 때문에 왠지 신비롭게 느껴지기 때문일 것이다. 그러나 중력은 전혀 신비롭지 않다.

부력은 물의 압력이 깊은 곳으로 갈수록 증가하기 때문에 발생한다. 수심 1m에 있는 물체의 표면 $1cm^2$는 $100cm^3$ 부피의 '물기둥'에 짓눌리는 것과 똑같은 힘을 받는다. 바꿔 말해서 약 1N의 힘을 받는다. 그리고 수심이 두 배로 깊어지면 표면이 받는 힘도 두 배로 커진다.

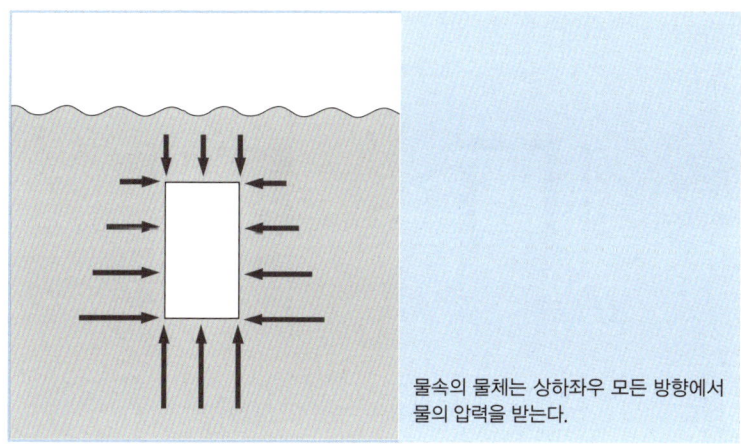

물속의 물체는 상하좌우 모든 방향에서 물의 압력을 받는다.

흔히 사람들은 물의 압력이 모든 방향으로 작용한다는 사실을 간과한다. 상식적으로 이상하게 들릴 수도 있겠지만, 물의 압력은 위쪽 방향으로도 작용한다! 그래서 물속의 물체는 위쪽 방향으로의 힘도 받고 아래쪽 방향으로의 힘도 받는데, 물체의 아랫면이 윗면보다 더 깊은 곳에 있으므로, 물체의 아랫면을 위쪽으로 미는 힘이 윗면을 아래쪽으로 미는 힘보다 더 크다.

더 정확히 말해서 그 두 힘의 차이는 물체가 밀어낸 물의 무게와 같다. 물체의 옆면에 작용하는 힘들도 크기가 다양하지만, 이 힘들은 부력에 기여하는 바가 없다. 이 같은 부력의 원리는 아래 그림에서처럼 직육면체를 대상으로 삼아 고찰하면 쉽게 이해할 수 있다. 그러나 부력의 원리는 물체의 모양과 상관없이 성립한다.

프레리히가 개발한 기계의 실린더들은 부력을 얼마나 받을까? 모든 실린더를 살펴볼 필요는 없다. 관으로 연결된 실린더 한 쌍만

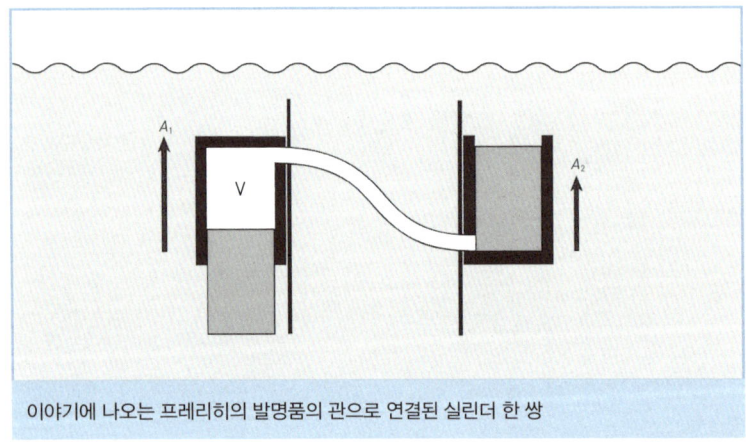

이야기에 나오는 프레리히의 발명품의 관으로 연결된 실린더 한 쌍

살펴보면 충분하다.

공기의 무게를 무시하면, 양쪽에 있는 피스톤이 딸린 실린더는 무게가 같다. 그러나 왼쪽 실린더는 오른쪽 실린더보다 더 많은 물을 밀어내므로 오른쪽 실린더가 받는 부력(A_2)보다 더 큰 부력(A_1)을 받는다. 그러므로 $A_1 - A_2$만큼의 힘이 컨베이어 벨트를 시계 방향으로 돌려서 왼쪽 실린더는 위로 올라가고 오른쪽 실린더는 아래로 내려간다. $A = A_1 - A_2$라면, 힘 A는 부피 V만큼의 물의 무게 F_G와 같다. 요컨대 아래 등식이 성립한다(그리스어 철자 ρ는 '로'라고 읽으며 밀도를 뜻한다. 물의 밀도는 거의 정확히 1이다).

$$A = A_1 - A_2 = F_G = m \times g = \rho \times V \times g$$

이처럼 힘 A가 실제로 작용한다. 더 나아가 왼쪽 실린더가 힘 A를 받아 h만큼 상승한다면, 왼쪽 실린더는 $A \times h$만큼의 에너지를 얻는다.

$$A \times h = \rho \times V \times g \times h$$

요컨대 이 기계는 저 혼자 일을 해서 왼쪽 실린더의 에너지를 높인다. 어디에 허점이 있을까? 혹시 이것은 허점 없는 진짜 영구 기관이 아닐까?

허점은 두 실린더가 위쪽 끝과 아래쪽 끝에 이르러 반대편으로 넘어갈 때 한쪽 피스톤은 들어가고 반대쪽 피스톤은 나오는 대목에 있다. 이 같은 피스톤들의 운동은 중력에 의해 저절로 일어날 것처럼 보이지만 실은 에너지를 필요로 한다.

피스톤들이 운동하면, 부피 V의 공기가 위에서 아래로 이동한다. 물론 공기의 무게는 사실상 0이므로, 공기 자체의 이동은 별 의미가 없다.

그러나 좀처럼 눈에 띄지 않고 영구 기관 제작자들이 즐겨 간과하는 또 다른 이동이 있다. 위쪽 피스톤이 들어가서 실린더 전체의 부피가 줄어들면, 새로 생긴 빈 공간을 물이 채워야 한다. 당연히 주변에 있던 물이 그 공간을 채우게 된다. 그런데 이와 동시에 아래쪽 피스톤은 밖으로 나오면서 물을 밀어낸다. 그러므로 종합적인 결과는 부피 V의 물이 기계 전체의 높이만큼 위로 이동하는 것과 같다. 이 이동이 이루어지려면 일을 해야 한다. 바꿔 말해서 에너지가 필요하다.

그 에너지는 물의 무게 곱하기 높이 h와 같다. 요컨대 왼쪽 실린더가 위로 상승하면서 얻은 에너지와 똑같은 만큼의 에너지가 피스톤들의 운동에 필요하다. 결론적으로 이 기계가 창출하는 에너지의 총합은 0이다.

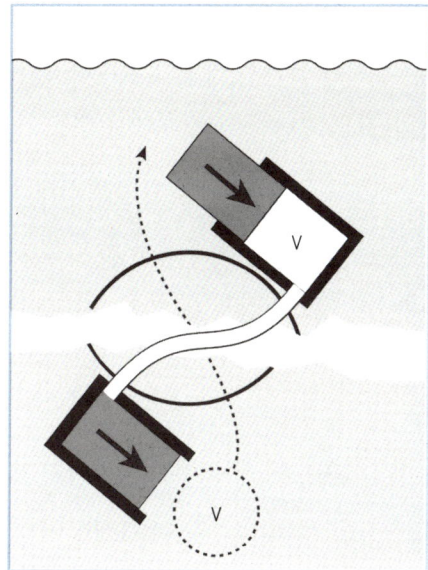

다른 식으로 설명할 수도 있다. 아래쪽 피스톤이 바깥으로 나오려면 위쪽 피스톤이 안으로 들어가는 것을 돕는 수압보다 더 큰 수압을 극복해야만 한다. 왜냐하면 아래쪽 피스톤이 위쪽 피스톤보다 더 깊은 곳에 있기 때문이다. 이 사실에 착안하여 계산해도, 피스톤들을 운동시키려면 물의 무게 곱하기 h만큼의 일을 해야 한다는 결과가 나온다.

    이처럼 간단한 설명에도 아랑곳없이 괴짜 발명가들은 여러 세대에 걸쳐 나날이 새로운 부력 영구 기관을 개발해왔다. 특허를 받은 사람도 많다. 2003년에도 발명가 미하일 스메레찬스키Mikhail Smeretchanski가 프랑스에서 부력 영구 기관으로 특허를 받았다(프랑스 특허 번호 2830575).

    마이어베어의 발명품과 프레리히의 발명품은 모두 '제1종 영구 기관'이다. 제1종 영구 기관은 열역학 제1법칙을 위반한다. 이 법칙에 따르면, 닫힌 물리적 시스템 안에서 에너지는 생겨나지도 없어지지도 않고 다만 한 형태에서 다른 형태로 변환된다. 이를테면 위치 에너지에서 운동 에너지로 또는 운동 에너지에서 위치 에너지로 변환된다. 완벽하게 닫힌 시스템은 우리의 일상세계에 (우주 전체를 논외로 하면) 거의 없다. 과거에는 우리를 둘러싼 자연이 완벽한 영구기관이라는 주장이 자주 제기되었다. 자연은 늘 운동하고 항상 새로운 생명을 산출하고 결코 멈추지 않는다. 그러나 당연한 말이지만 우리 지구는 닫힌 시스템이 전혀 아니다. 지구는 햇빛을 통해 끊임없이 에너지를 공급받는다. 매초 1억 7500만 GJ(기가줄)의 에너지가 지구에 도달한다. 그리고 이 에너지가 궁극적으로 모든 생명현상을 일으킨다.

'제2종 영구 기관'이라는 것도 있다. 이 영구 기관은 열역학 제2법칙을 위반한다. 열역학 제2법칙은 제1법칙보다 더 복잡하며 여러 방식으로 표현된다. 이를테면 다음과 같은 표현들이 있다. "세계의 무질서는 증가한다." "열은 다른 형태의 에너지로 간단히 변환되지 않는다." "세계의 진행은 한 '방향'으로 일어나고, 그 방향을 뒤집는 것은 불가능하다."

열역학 제2법칙은 궁극적으로 통계에 관한 진술이다. 열에너지란 다름 아니라 미시 수준의 운동 에너지이다. 원자 규모의 입자는 작은 알갱이처럼 운동하는데, 우리는 그 운동을 역학 법칙들을 통해 기술할 수 있다(제10화에서 보았겠지만, 양자 이론은 이 문장이 옳지 않음을 깨우쳐준다. 그러나 열역학에서는 원자 규모의 입자를 운동하는 작은 알갱이로 보아도 무방하다). 입자들은 (특히 기체를 이루고 있을 때) 서로 충돌하고, 거의 모든 경우에 우리는 아주 많은 입자를 다루므로, 우리는 입자들의 행동에 대해서 통계적인 진술을 할 수 있다.

예를 들어 공기가 들어 있는 통에 어떤 뜨거운 기체를 조금만 집어넣는다고 해보자. 기체가 뜨겁다는 것은, 기체 입자들이 빠른 속도로 운동한다는 뜻이다. 공기 입자들은 상대적으로 느리게 운동한다. 통 속에 들어온 빠른 입자들은 이리저리 내달리면서 자기들끼리도 충돌하지만 주로 공기 입자와 충돌하기 시작한다. 빠른 입자는 느린 입자에게 에너지를 나눠주고, 결국 다음과 같은 상황이 벌어진다. 첫째, 공기와 기체가 잘 섞인다. 둘째, 입자들의 평균 속도가 통 속의 어느 지점에서나 동일해진다. 바꿔 말해서 공기는 조금 따뜻해지고, 뜨거운 기체는 조금 차가워진다.

이 과정을 확률 법칙들에 의거하여 설명할 수 있다. 이 과정의 역과정, 즉 온도가 일정한 혼합 기체에서 개별 성분들이 분리되고 더 나아가 온도 차이가 생겨나는 과정은 이론적으로 불가능하지는 않지만 일어날 확률이 어마어마하게 낮다. 이런 역과정이 일어난다는 것은, 여러 색깔의 공들을 소쿠리에 담고 마구 흔든 결과로 공들이 색깔별로 정리된다는 것과 마찬가지다. 한마디로 이런 일은 일어나지 않는다.

그런데 온도가 균일한 기체에서는 에너지를 얻을 수 없다. 증기기관, 내연기관 등의 열기관들은 온도 기울기가 있어야만, 즉 열기관의 부분들 사이에 온도 차이가 있어야만 작동한다. 열을 에너지로 바꾸는 과정은 다양하다. 그러나 이른바 '폐열'만 있는 상황에서는, 해볼 수 있는 것이 거의 없다.

열역학 제2법칙을 위반하는 영구 기관의 대표적인 예로 '맥

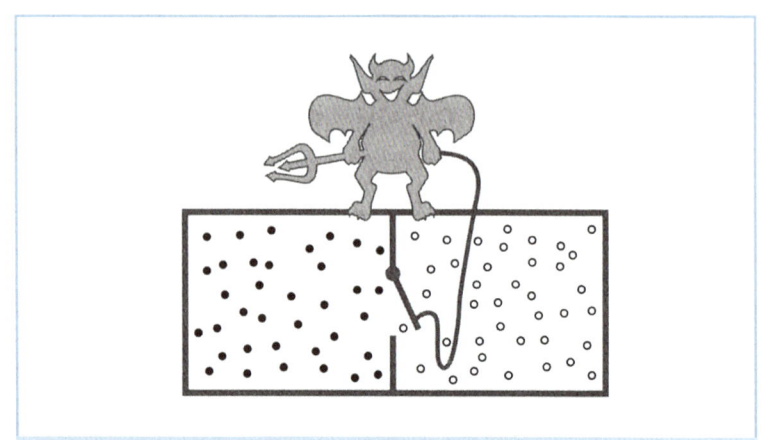

맥스웰의 도깨비 : 원래 온도가 같았던 두 구역 사이에 온도 차이가 생기도록 만드는 가상의 존재이다.

스웰의 도깨비'가 있다. 물리학자 제임스 클러크 맥스웰James Clerk Maxwell은 1871년에 다음과 같은 문제를 내놓았다. 두 구역으로 나뉜 통을 생각해보자. 양쪽 구역에 들어 있는 기체는 온도와 압력이 서로 같다. 두 구역을 가르는 벽에는 작은 문이 있는데, 그 문은 한 번에 기체 분자 하나를 통과시킨다. 그런데 다음과 같은 능력을 지닌 도깨비가 그 문을 지킨다. 왼쪽 구역에서 빠른(입자들의 평균 속도보다 더 빠른) 입자가 날아오면, 도깨비는 그 입자가 문을 통과하여 오른쪽 구역으로 가도록 놔둔다. 한편, 오른쪽에서 왼쪽으로는 평균보다 느린 입자만 통과시킨다. 온도는 평균 속도일 따름이므로, 차가운 기체에도 빠른 입자들이 있고 뜨거운 기체에도 느린 입자들이 있기 마련이다.

도깨비의 분류 작업이 계속되면, 왼쪽 구역의 온도는 낮아지고 오른쪽 구역의 온도는 높아진다. 요컨대 도깨비는 미지근한 기체를 따뜻한 기체와 차가운 기체로 만들고, 이 온도 차이를 이용하여 일을 할 수 있다.

맥스웰은 도깨비를 제작하는 방법을 제시하지 않았지만, 수많은 사람이 (외부에서 투입되는 에너지에 의존하지 않고 작동하는) 맥스웰의 도깨비를 만들려고 애써왔다. 최근의 사례로 산제이 아민Sanjay Amin이라는 발명가가 있다. 그는 1999년에 '엔트로피 엔진entropy engine'을 발명했다. 그러나 물리학자들이 분석한 결과, 그 기계는 작동할 수 없다는 것이 밝혀졌다.

영구 기관의 가능성을 믿는 사람이나 희망에 부푼 독학 발명가들은 영구 기관의 존재를 배제하는 자연 법칙들이 인간의 작품일 뿐이며 얼마든지 수정될 수 있다고 주장하곤 한다. 근본적으로 따지면 옳은 주장이다. 모든 물리학 지식은 궁극적으로 관찰에서 유래한다. 새로운 것이 관찰되면, 우리는 기꺼이 법칙을 수정해야 한다. 그러나 그런 수정은 극히 드물게 이루어진다. 예를 들어 아인슈타인이 뉴턴의 법칙들을 반박했다고들 하지만, 이 책의 논의를 비롯한 거의 모든 현실적인 상황에서 뉴턴의 법칙들은 여전히 매우 정확하게 자연을 기술한다. 더군다나 영구 기관의 대부분이 불가능하다고 선언하는 에너지 보존 법칙은 '공짜 에너지'를 허용하지 않으려 하는 어느 물리학자 한 명의 독단적인 주장이 아니다. 그 법칙은 우리가 아는 모든 형태의 에너지에 대해서 명시적인 계산의 결과로 도출된다.

심지어 독일의 여성 수학자 에미 뇌터Emmy Noether는 1915년에 매우 일반적인 전제 두 가지(특정 의미에서 시공의 균질성, 우주 전체에서 자연 법칙들의 타당성)를 충족시키는 물리적 시스템에서는 항상 모종의 보존 법칙이 성립해야 함을 증명했다.

영구 기관의 존재를 반박하는 논증들 가운데 내가 개인적으로 가장 설득력이 크다고 느끼는 논증은 이러하다. 프레리히는 자신이 발명한 기계에 스위치를 장착했다. 그 스위치는 기계가 끝없이 작동하는 것을 막는다(여담이지만, 실제로 1830년에 특허를 받은 발명품에 그런 스위치가 달려 있다). 만약에 정말로 작동하는 영구 기관이 있다면, 거기에는 반드시 그런 스위치가 장착되어야 할 것이다. 왜냐하면 작동하는 영구 기관은 끊임없이 에너지를 생산할 텐데, 만일 그 에너지를 뽑아내어 예컨대 전기장치를 가동하는 데 쓰지 않는다면, 그 에너지는 영구 기관 안에 머물 것이다. 따라서 영구 기관은 점점 더 뜨거워지고 결국 녹아버리거나 폭발해버릴 것이다. 또한 생산된 에너지를 영구 기관 바깥으로 뽑아낸다 하더라도, 그 에너지는 우주 안에 머물면서 우주 전체가 점점 더 뜨거워지게 만들 것이다. 만약에 우주에 우리보다 더 발전한 문명들이 있어서 오래전부터 영구 기관을 가동해왔다면, 우주의 온도는 상승하고 있어야 할 것이다. 그러나 실제로 우주의 온도는 상승하지 않는다. 결론적으로 영구 기관은 존재하지 않는다. 프랑스 아카데미가 1775년에 내린 다음과 같은 판단은 21세기가 된 지금도 유효하다. "영원히 운동하는 장치를 제작하는 것은 불가능하다."

클로즈업 물리학 Q

당신이 냉장고 문을 닫는 것을 깜박하고 외출했다가 두 시간 뒤에 돌아오면, 주방의 온도는 더 낮아졌을까 아니면 더 높아졌을까? 주방은 닫힌 시스템이라고 가정하자. 즉, 주방의 온도는 외부의 영향으로 높아지거나 낮아지지 않는다.

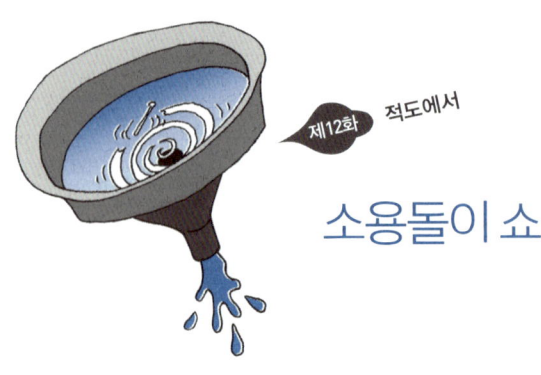

제12화 적도에서

소용돌이 쇼

나는 독일 주간지 《디 차이트 Die Zeit》에 〈맞아요 Stimmt's?〉라는 칼럼을 1997년부터 어느새 650편 넘게 발표했는데 첫 번째 칼럼에서 다룬 질문은 이것이었다. 욕조에서 물을 뺄 때 생기는 소용돌이의 방향은 북반구와 남반구에서 서로 다를까? 지금도 많은 독자가 이 질문에 관심이 많다. 당시에 나는 "아니다!"라고 단호하게 대답했는데, 이에 대한 의심도 끊이지 않는다. 예컨대 이런 반론이 제기되었다. 우리는 휴가 때 적도 지방에 갔는데, 적도에서 북쪽으로 2m 떨어진 지점에서의 소용돌이와 남쪽으로 2m 떨어진 지점에서의 소용돌이가 서로 반대로 도는 것을 그곳의 주민이 우리에게 보여주었다. 더 나아가 정확히 적도에서는 소용돌이가 생기지 않는다는 반론도 있었다. 적도 지방의 재주 많은 호객꾼들은 정확히 적도에 서서 바늘 위에 달걀을 세우는 묘기를 보여 박수갈채를 받기도 한다. 그들은 그 묘기가 오로지 적도에서만 가능하다고 떠벌인다.

문제의 핵심은 알쏭달쏭한 코리올리 효과이다. '코리올리 힘'이라고도 불리는 그 효과는 온갖 현상의 원인으로 지목되곤 한다. 〈몬티 파이튼Monty Python〉이라는 텔레비전 시리즈로 유명한 영국 코미디언 마이클 페일린Michael Palin도 코리올리 효과를 운운하는 사기꾼에게 당한 바 있다. 북극에서 남극까지의 여행을 다룬 다큐멘터리 시리즈 〈극에서 극까지Pole to Pole〉에서 그는 케냐의 나뉴키Nanyuki라는 마을에서 피터 매클리어리Peter McLeary라는 인물을 만난다. 그 인물은 적도 위에 있다는 어느 외딴 술집에서 관광객들에게 돈을 받고 코리올리 효과를 생생하게 보여준다. 그는 대접에 물을 담고 그 위에 성냥개비 몇 개를 띄운다. 그리고 대접을 들고 적도에서 북쪽으로 몇 걸음 가서 말한다.

"여러분이 적도 북쪽에서 세면대의 물을 빼면, 물이 항상 시계 방향으로 도는 것을 보게 될 겁니다."

그리고 그가 대접 밑바닥의 배수구를 열면, 정말로 수면 위의 성냥개비들이 시계 방향으로 돌기 시작한다. 참으로 놀라운 일이다. 왜냐하면 우리가 나중에 보겠지만, 코리올리 힘은 시계 방향의 회전이 아니라 반시계 방향의 회전을 자아내야 하기 때문이다.

"이 현상은 지구의 자전 때문에 생깁니다. 또 이 현상은 적도에서 멀리 떨어진 곳일수록 뚜렷하게 나타나고 적도에 접근할수록 약해지지요."

　매클리어리는 이렇게 설명하고, 이어서 적도를 넘어 남쪽으로 열 걸음 가서 이제 물이 반시계 방향으로 도는 것을 보여준다. 그리고 마지막으로 정확히 적도에 서서 물이 곧장 아래로 빠져나가는 것을 보여준다.
　"와, 정말 신기하네요!"
　마이클 페일린이 환호한다. 실로 안타까운 장면이다.
　이제부터 매클리어리처럼 돈벌이를 하는 방법을 가르쳐주겠다. 당연한 말이지만, 우선 적도가 필요하다. 진짜 적도일 필요는 없다. 함부르크나 시드니에서도 잘 통하는 방법이니까 안심하라. 먼저 관객이 동쪽을 보도록 만들어라. 즉, 관객의 왼쪽은 북쪽, 오른쪽은 남쪽이 되도록 객석을 배치하라.

소품으로는 최대한 정사각형에 가까운 물 대접이 필요하다(둥근 대접보다 사각 대접을 쓸 때 결과가 더 좋다). 대접의 바닥에 구멍을 뚫는데, 물이 천천히 빠져나가도록 구멍의 지름을 0.5cm로 맞추는 것이 좋다. 구멍을 막을 마개는 필요 없다. 그냥 손가락으로 막았다가 필요할 때 떼면 된다. 다음으로 성냥개비 몇 개, 꽃잎 몇 장, 후춧가루 따위가 필요하다. 간단히 말해서, 물 위에 떠서 소용돌이의 방향을 분명하게 보여줄 만한 것들이 필요하다.

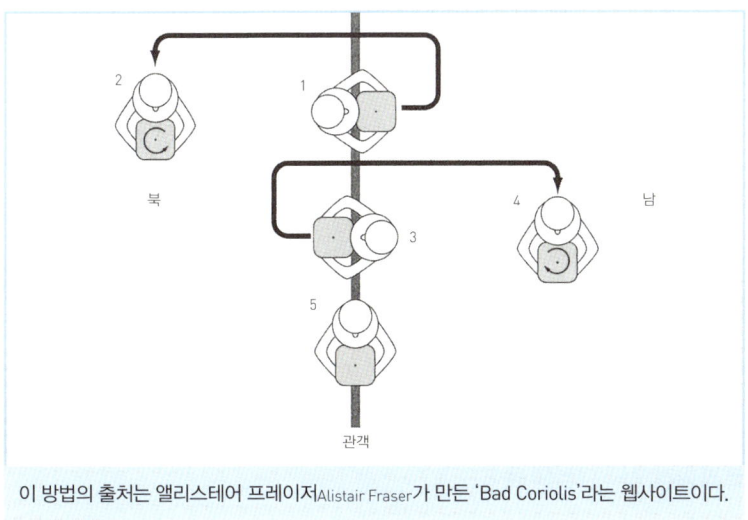

이 방법의 출처는 앨리스테어 프레이저Alistair Fraser가 만든 'Bad Coriolis'라는 웹사이트이다.

1. 남쪽을 향해 서서 관객에게 어떤 실험을 할 것인지 설명하라. 이어서 급하게 (어색해 보이거나 물이 쏟아질 정도로 급하면 안 된다)

왼쪽으로 돌아서 북쪽으로 몇 걸음 간 다음, 또 한 번 왼쪽으로 돌아 관객을 바라보라.

2. 두 번의 급좌회전 때문에 물은 반시계 방향으로 약하게 회전하게 되었을 것이다. 이제 당신이 구멍에서 손가락을 떼면, 물 위에 뜬 물체들은 반시계 방향으로 회전할 것이다.

3. 천천히 적도로 되돌아가서 이번에는 북쪽을 향해 서라(그러는 동안에 물이 잠잠해지도록 충분히 느리게 움직여야 한다). 이제 방금 한 행동을 좌우만 바꿔서 반복하라. 즉, 급하게 오른쪽으로 돌아서 남쪽으로 몇 걸음 간 다음, 오른쪽으로 돌아 관객을 바라보라.

4. 이번에는 물이 시계 방향으로 회전할 것이다.

5. 마지막 단계는 가장 어렵다. 하지만 혹시라도 잘못되거든, 물이 잠잠해지려면 시간이 좀 걸린다고 여유 있게 설명하면 된다. 급격한 움직임 없이 적도로 이동하여 관객을 향해 서서 손가락을 떼고 물이 빠져나가게 하라. 구멍이 충분히 작다면, 한참이 지난 다음에야 소용돌이가 형성될 것이다. 그 전에 실험을 종결하라. 이어서 박수갈채를 받고 모자를 돌려 돈을 거둬라.

코리올리 힘 : 관점의 문제

코리올리 힘에 관한 이야기와 소문은 풍부하다. 심지어 코리올리 힘이 '정말로 있는 힘'이냐 아니면 '겉보기 힘'이냐를 놓고도 물리학자들은 몇 시간 동안 토론할 수 있다. 우리는 이 문제를 논하지 않을 것이다. 우리 일반인의 관점에서 코리올리 힘은 두말할 필요 없이 정말로 있다. 코리올리 힘은 물체들로 하여금 직선궤도를 벗어나게 만든다. 이런 의미에서 그 힘은 정말로 있다.

코리올리 힘은 지구가 회전하는 시스템인데도 우리가 일상에서 지구를 고정된 시스템으로 여기기 때문에 발생한다. 아인슈타인이 등장한 이래로 우리는 만사가 상대적이며 어느 위치나 우주의 중심일 수 있다는 통찰에 익숙해졌다. 그러나 이 통찰은 이른바 관성계들(제8화 참조)에 대해서만 타당하다. 관성계란 힘을 받지 않는 시스템이다. 관성계는 멈춰 있거나 등속 직선 운동을 한다.

그런데 우리 지구인은 다음과 같은 문제에 직면해 있다. 우리가 보기에 지구는 멈춰 있다. 심지어 과거에 지구는 우주의 중심으로 여겨졌고, 사람들은 복잡한 수학 공식들을 동원해서 지구를 중심으로 도는 행성들의 궤도를 기술했다. 그러나 자전하면서 태양 주위를 공전하는 지구는 명백히 관성계가 아니다. 지구가 자신의 공전 궤도를 벗어나지 않는 것은 태양의 중력이 끊임없이 지구에 가해지기 때문이고, 지구 위의 물체가 하루에 한 번 지구의 자전축을 중심으로 도는 것은 그 물체에 여러 힘이 작용하기 때문이다. 반면에 태양계 전체는, 은하계 내부에서 태양에 작용하는 힘들을 무시한다면, 관성계라고 할 수 있다.

두 관성계 사이에서의 좌표 변환은, 두 관성세 사이의 상대속도가 엄청나게 크지만 않다면, 아주 간단하다. 그러나 지구처럼 자전하는 시스템과 그것을 둘러싼 공간 사이에서의 좌표변환은 전혀 간단하지 않다.

우선 2차원을 출발점으로 삼아, 회전하는 원반을 살펴보자. 아래 그림의 원반에는 북극 상공에서 내려다본 지구의 모습이 그려져 있지만, 그것은 그냥 장식이다. 그림의 원반은 그냥 납작한 2차원 원반이다. 원반 가장자리 12시 지점(지도 장식으로 보면 적도 상의 한 지점)에 사람이 서서 북극 방향으로 공을 던진다고 해보자. 공기 저항은 무시하고, 공은 일정한 속도로 날아간다고 가정하자. 원반은 반시계 방향으로 회전하며, 공이 적도에서 북극까지 날아가는 동안 원반은 90° 회전한다고 하자.

우주 공간에 떠 있는 관찰자에게는 상황이 아주 간단하다. 공은 적도에서 북극을 향해 직선으로 날아간다. 공이 날아가는 동안, 원반은 공 아래에서 회전하고, 공이 북극에 도달할 때, 공을 던진 사람은 9시 지점에 도달한다. 물리적으로 평범하기 이를 데 없는 상황이다.

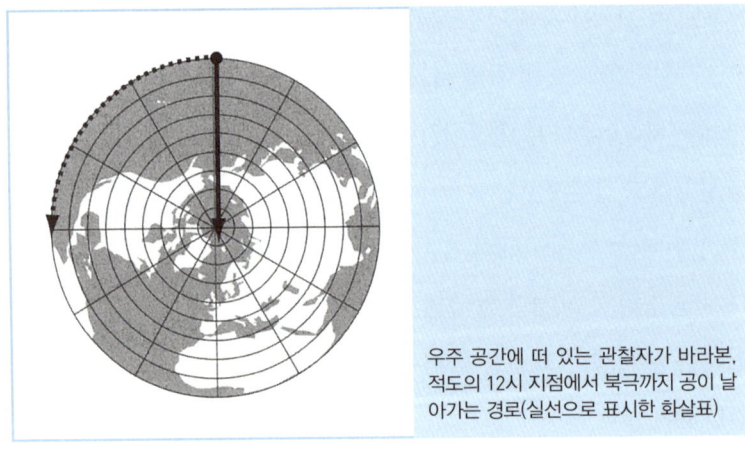

우주 공간에 떠 있는 관찰자가 바라본, 적도의 12시 지점에서 북극까지 공이 날아가는 경로(실선으로 표시한 화살표)

그러나 원반 위에서 공을 던진 사람에게는 상황이 어떠할까? 그 사람이 보기에도 공은 북극으로 날아가 그곳에 도달한다. 그러나 공은 직선으로 날아가지 않고 계속 오른쪽으로 휘어지는 궤적을 그린다. 따라서 그 사람은 모종의 힘이 작용하여 공을 직선궤도에서 이탈시킨다고 추론한다. 그러나 우주 공간에 있는 관찰자는 공의 궤적에 영향을 끼치는 힘이 있다는 생각을 반박할 것이다. 그 힘의 효과는 원반 위의 사람이 보기에 매우 실질적임에도 불구하고, 우주 공간에 있는 사람이 보기에 그 힘은 존재하지 않는다. 이것이 '겉보기 힘'이라는 용어가 쓰이는 까닭이다.

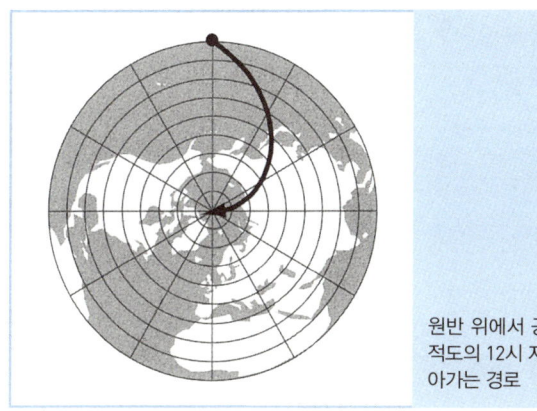

원반 위에서 공을 던진 사람이 바라본, 적도의 12시 지점에서 북극까지 공이 날아가는 경로

사람이 북극에서 적도의 12시 지점을 향해 공을 던지면 어떻게 될까? 이 경우에는 미리 꼼꼼히 계산하여 절묘한 투구를 하지 않는 한, 공은 목표 지점을 빗나갈 것이다. 왜냐하면 날아가는 공 아래에

서 원반이 회전하므로 결국 공은 원래 3시 지점이었던 곳에 도달할 것이기 때문이다.

공을 원반의 반지름 방향이 아닌 다른 방향으로 던지면 어떻게 될까? 북극과 적도 사이의 중간 지점에서 공을 오른쪽으로 던진다고 해보자.

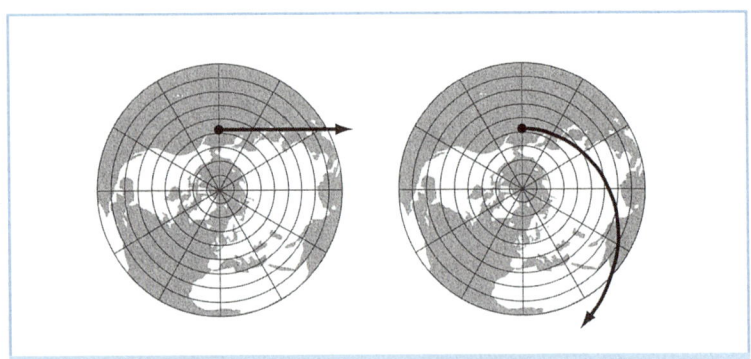

원반 상공의 관찰자가 보면, 공은 곧장 오른쪽으로 날아가 원반의 경계를 벗어난다. 그러나 원반 위에서 공을 던진 사람이 보면, 공은 오른쪽으로 휘어지는 궤적을 그리면서 원반의 경계 너머로 날아간다.

이 예에서 공이 원반 바깥으로 나간다는 사실에서도 드러나듯이, 우리가 지금 다루는 원반은 지구와 다르다. 우리의 원반은 평평할 뿐더러 중력을 비롯한 어떤 힘도 발휘하지 않는다. 그럼에도 다음과 같은 원리만큼은 확실히 알 수 있다. 반시계 방향으로 회전하는 원반 위에서는 등속 직선 운동을 하는 모든 물체의 궤적이 오른쪽으로 휘어진다.

그럼 회전하는 공에 해당하는 지구 위에서는 어떨까? 이 경우에는 세 번째 차원(높이 차원)도 고려해야 하고 중력도 감안해야 한다. 논의를 단순화하기 위해 지구의 표면 근처에서 운동하는 물체들이 중력 때문에 표면을 멀리 벗어나지 못하고 원래 높이에 '묶인다'고 가정하자. 바꿔 말해서 물체들의 궤적은 항상 지구의 표면과 평행하도록 휘어진다고 하자. 예컨대 물체가 적도 위에서 적도 방향으로 운동하면, 물체는 원반 모형에서처럼 적도의 접선 방향으로 곧장 날아가 적도에서 멀어지지 않고 적도와 나란하게 휘어진 궤도를 따라 운동한다. 조금 성급한 설명이긴 하지만, 이 예는 특별히 중요하다. 왜냐하면 이 경우에는 코리올리 힘이 작용하지 않기 때문이다.

적도에서 북극으로 또는 그 반대로 운동하는 물체는 원리적으로 원반 모형에서와 똑같이 다룰 수 있다. 그런 물체를 위에서 내려다보면, 지구는 원반처럼 보이고 물체의 궤적은 원반 모형에서와 똑같이 오른쪽으로 휘어진다.

지구 위에서의 운동 가운데 가장 까다로운 것은 적도를 벗어난 곳에서의 동서 방향 운동이다. 많은 이가 이 경우에 코리올리 힘이 작용하지 않고 물체는 특정 위선을 따라 직선으로 운동할 것이라고 짐작한다. 지구의 자전도 동서 방향 운동이므로, 동서 방향으로 운동하는 물체의 궤적은 왼쪽이나 오른쪽으로 휘어지지 않을 것이라고 말이다.

이 통념의 허점을 드러내기 위해 지구의 자전이 중단된 상황을 상상해보자. 자전이 중단되면, 북극과 남극은 특별한 지점이기를 그친다. 이때 북위 52°에 위치한 베를린에서 서쪽으로 물체를 던지면, 예컨대 구름을 떠밀면, 구름은 어떻게 운동할까? 구름은 북위 52° 위선을 따라 운동하지 않는다. 오히려 북극에서 적도로 또는 그 반대로 던진 물체와 마찬가지로 이른바 대원(지구의 중심을 자신의 중심으로 삼은 원)을 따라 운동한다.

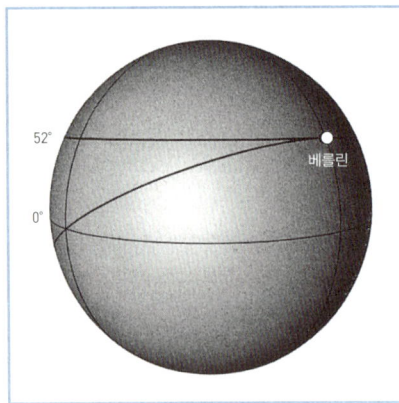

지구가 자전하지 않을 경우, 북위 52°의 베를린에서 서쪽으로 구름을 떠밀면, 구름의 궤적은 처음에는 정확히 서쪽으로 뻗어가지만 이내 남쪽으로 휘어지고 언젠가는 적도를 통과한다.

이 궤적은 평면 지도에서는 휘어진 곡선으로 보이지만 구면에서는 곧게 뻗은 선이다. 그래서 예컨대 유럽에서 아메리카로 날아가는 비행기는 대개 아이슬란드와 그린란드 상공을 지나는 북방 항로를 선택한다. 유럽에서 아메리카로 탄도 로켓을 쏘아 보낼 때에도 그 궤도가 선택된다. 이처럼 북방 항로가 선호되는 것은 지구의 남극과 북극 근처가 약간 납작하다는 사실과 아무 상관이 없다. 대원은 공의 표면에 있는 두 지점을 연결하는 최단경로이다. 요컨대 구면에서 대원은 평면에서 직선과 마찬가지다.

요컨대 지구 위에서 동서 방향 '직선' 운동은 오로지 적도에서만 가능하다. 나머지 모든 곳에서 동서 방향으로 던져진 물체는 이내 그 방향을 벗어난다. 그런데 동서 방향이 아닌 다른 방향으로 운동하는 물체는, 지구가 자전할 경우, 코리올리 힘을 받는다. 따라서 물체는 대원 경로를 벗어난다. 구체적으로 북반구에서 운동하는 물체는 운동 방향을 오른쪽으로 틀어놓는 힘을 받는다. 반대로 남반구에서 코리올리 힘은 물체의 궤적을 왼쪽으로 휘게 한다.

코리올리 효과는 날씨 현상, 특히 고기압과 저기압에서 가장 뚜렷하게 드러난다. 심지어 코리올리 힘이 없으면 우리에게 익숙한 날씨 현상들이 불가능하다고 해도 과언이 아니다. 지구 어딘가에 (예컨대 한 구역의 공기가 햇빛을 받아 심하게 가열되었기 때문에) 기압 차이가 형성되면, 기압이 높은 구역의 공기가 기압이 낮은 구역으로 흘러간다. 이 같은 공기의 흐름이 바로 바람이다. 만약에 코리올리 힘이 없다면, 공기는 고기압 구역에서 저기압 구역으로 곧장, 별로 볼품없이 흘러갈 것이다. 그러나 코리올리 힘이 공기가 흐르는 방향을 틀어놓기 때문에, 기상도에 자주 등장하는 멋들어진 회오리바람이 발생한다.

북반구에서 공기의 흐름은 항상 오른쪽으로 휘어진다. 그러므로 저기압 구역의 회오리바람은 시계 방향으로 돌까? 까딱하면 틀리기 쉬운데, 반시계 방향으로 돈다는 것이 정답이다. 남반구에서는 좌우와 회전 방향이 뒤바뀐다.

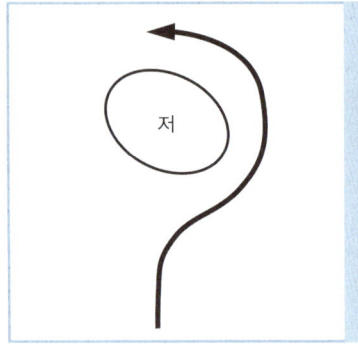

저기압의 중심으로 흘러드는 공기는 코리올리 효과로 인해 목표 지점을 오른쪽으로 빗나가지만 그다음에도 계속 저기압에 빨려들기 때문에 왼쪽으로 휘어진다.

그럼 욕조의 소용돌이는 어떨까? 코리올리 힘은 욕조의 물에도 작용한다. 그러나 욕조는 아주 작고 배수 과정에서 물은 느리게 운동하기 때문에, 물의 운동에 영향을 끼치는 온갖 요인들과 비교할 때 코리올리 힘의 영향은 미미하다. 오히려 물을 채우는 과정에서의 비대칭이나 욕조의 모양, 소용돌이 쇼를 하는 사기꾼의 회전이 훨씬 큰 영향을 미친다. 이런 요인들이 욕조의 소용돌이가 도는 방향을 결정한다.

이처럼 물리학적인 결론은 명백한데도 그릇된 통념은 근절되지 않는다. 언젠가 나는 어느 방송사 여직원으로부터 전화를 받았다. "드뢰서 씨, 좀 도와주세요. 아르민이 고집을 피워요. 프로그램에 출연해서 남반구에서는 소용돌이가 거꾸로 돈다는 것을 설명하겠다고 우기네요." 그녀가 말한 '아르민'은 아동용 과학 프로그램으로 여러 세대의 어린이들을 열광시켜온 아르민 마이발트Armin Maiwald였다. 그런 그가 욕조 소용돌이에 대해서만큼은 전문가들의 조언에 저항했던 것이다. 그는 동료에게 말하기를, 자신이 한동안 오스트레일리아에서 살아봐서 아는데 그곳의 소용돌이는 확실히 거꾸로 돈다고 했다.

나는 그 프로그램의 제작진에게 시청자들이 직접 소용돌이 실험을 해보고 그 결과를 방송사로 알리게 하면 어떻겠느냐고 제안했다. 아이들이 집에서 다양한 그릇과 욕조를 이용해서 소용돌이 실험을 하면 틀림없이 반시계 방향 소용돌이가 더 많이 생길 것이라고 아르민은 생각했다. 그러나 지형적인 요인이 작용하지 않는다면, 시계 방향 소용돌이와 반시계 방향 소용돌이가 거의 동수로 발생할 것이었다.

제작진은 나의 제안을 받아들이지 않았다. 왜냐하면 시청자 편지를 분석하는 일이 너무 벅찰 것이기 때문이었다. 그 후에 내가 직접 어느 라디오 프로그램에서 그 제안을 실천했는데, 결과는 시계 방향 소용돌이 248개와 반시계 방향 소용돌이 204개로 나타났다.

요컨대 우리가 일상적으로 쓰는 욕조에서 코리올리 힘은 아무 구실도 못한다. 그럼에도 과학자들은 물그릇 속에서도 코리올리 힘을 확인하려 애썼고, 1962년에 과학 잡지 《네이처 Nature》에 실린 기사에 따르면, 코리올리 힘을 확인하는 데 성공했다. 아셔 샤피로 Ascher Shapiro라는 기상학자가 수행한 실험에 관한 기사였다. 그는 정확히 원형이고, 바닥이 완벽하게 평평하고, 지름이 180cm인 물그릇을 가지고 실험을 했다. 배수구는 정확히 그릇의 중심에 있었고 물이 다 빠지는 데 20분이 걸릴 정도로 크기가 작았다. 샤피로는 그 그릇에 물을 채운 뒤 24시간 동안 방치해서 물이 잠잠해지도록 만든 다음에 실험을 했다. 그 자신의 계산에 따르면, 이 실험에서 코리올리 힘의 영향력은 중력의 333만분의 1만큼에 불과할 것이었다. 그럼에도 그는 자신의 '물그릇'에서 항상 반시계 방향 소용돌이가 발생했다고 보고할 수 있었다. 3년 뒤에는 오스트레일리아 과학자들이 똑같은 실험을 수행하여 일관되게 시계 방향 소용돌이를 얻었다.

그러나 이것들은 과학적으로 세심하게 통제된 실험의 결과이다. 당신이 다음 휴가 때 적도 지역에 갔는데, 누군가가 코리올리 힘을 운운하며 소용돌이 쇼를 보여준다면, 적도 위에 달걀 세우기 묘기와 마찬가지로 그 쇼도 사기라고 확신해도 된다.

 클로즈업 물리학 Q

낮의 길이는 적도를 제외한 지구 어디에서나 여름보다 겨울에 더 짧다. 적도에서는 일 년 내내 낮의 길이가 똑같다. 그렇다면 지구 위의 어느 위치이든 상관없이, 새벽의 길이는 어떨까?

a) 새벽은 겨울에 가장 짧다.
b) 새벽은 여름에 가장 짧다.
c) 새벽은 봄가을에 가장 짧다.

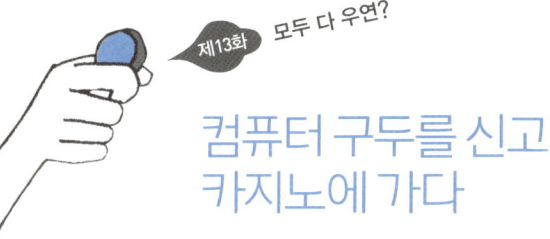

제13화 모두 다 우연?

컴퓨터 구두를 신고
카지노에 가다

전작《수학 시트콤》을 보면 룰렛을 다루는 장이 있다. 거기에서 나는 수열에 대한 수학적 분석에 기초한 룰렛 비법이 예외 없이 무용지물일 수밖에 없는 이유를 설명했다. 수평을 잘 맞춘 룰렛 휠은 정말로 무작위한 수열을 산출하고, 딜러와 손님의 승률은 항상 딜러가 약간 더 유리하도록 맞춰져 있다. 특히 과거에 기초해서, 즉 이제껏 나온 숫자들에 기초해서 미래를 알아내는 것은 불가능하다. 룰렛 휠은 아무 것도 기억하지 못한다.

    요컨대 룰렛에서 수학으로 돈을 딸 수는 없다. 그럼 물리학으로는 어떨까? 이 세상은 물리학 법칙들의 지배를 받고, 그 법칙들은 아주 정확하게 알려져 있지 않은가. 초기 조건을 어느 정도 정확하게 안다면, 룰렛 구슬이 어떤 궤적을 거쳐 어느 칸에 들어갈지 알아낼 수 있지 않을까?

나는 20여 년 전부터 이 문제에 매력을 느껴왔다. 당시에 나는 카오스 이론에 관한 기사를 쓰려고 자료를 조사하다가 미국 사람인 토머스 배스Thomas Bass가 쓴 책《행복을 안겨주는 파이The Eudaemonic Pie》(독일어판 제목은 '라스베이거스 쿠데타Der Las Vegas Coup')를 입수했다. 배스는 1970년대에 손수 제작한 초소형 컴퓨터를 구두 속에 숨기고 라스베이거스의 카지노들에 가서 한밑천 챙기려고 했던 두 대학생의 이야기를 들려준다. 그들은 몸에 붙인 신호 송출기와 치아로 조종하는 스위치를 이용하여 룰렛 구슬의 궤도를 계산한 다음에 번개같이 돈을 걸려고 했다. 결국 그들은 하드웨어 문제 때문에 실패했다. 스위치가 거듭 타버리면서 때로는 고통스러운 화상을 일으켰고, 그들은 계획을 포기했다(그리고 카오스 이론이라는 새로운 분야를 연구하는 과학자들이 되었다).

그러나 그들은 몇 번의 실험을 통해 자신들의 비법이 원리적으로 유효함을 증명했다. 그 실험들이 이루어진 지 30년이 지났고, 그 사이에 컴퓨터는 엄청나게 발전했다. 오늘날의 기술로 그들을 모방하는 사람이 없을 리 없다. 물론 자신의 계획을 공공연히 밝히는 사람은 없을 것이다. 카지노들은 모든 종류의 기술적 보조수단을 금지하는데다가 특히 미국 도박장의 안전요원에게 대들고 싶은 사람은 없을 테니까 말이다.

2005년에 나는 수학자이며 룰렛 이론가인 피에르 바지외Pierre Basieux의 소개로 독일 니더라인 지방의 카지노들에서 그런 전자장치를 가지고 실험을 하는 남녀 한 쌍을 만났다. 그들은 나에게 함께 카지노에 갈 것을 제안했다. 나로서는 거부할 수 없는 제안이었다. 이제부터 자비네 라우어바흐와 마티아스 자이델에 관한 이야기를 들려주겠다. 당연한 말이지만, 이들의 실명은 전혀 다르다.

자비네와 마티아스가 오늘 가기로 한 곳은 도르트문트 근처 호엔쥐부르크 카지노이다. 1970년대에 지은 볼품없는 건물이다. 룰렛 테이블들은 주로 갈색으로 칠해진 황량한 홀에 놓여 있으며, 모든 쿠션에 담배 냄새가 배어 있다. 두 사람은 자동차 안에서 장비를 점검한다. 마티아스의 주머니 속에는 휴대용컴퓨터가 들어 있다. 그는 구두 속에 있는 스위치를 통해 그 컴퓨터에 데이터를 입력할 것이다. 자비네는 이어폰을 꽂고 금발로 가렸다. 휴대용컴퓨터가 예측한 결과가 그 이어폰을 통해 그녀에게 전달될 것이다. 두 사람은 카지노에 들어서면 서로 대화하지 않을 것이다. 그들이 일행이라는 것을 아무도 눈치채지 못해야 한다. 그들이 무슨 그릇된 행동을 하는 것은 아니다. 그러나 유선이나 무선으로 통신만 해도 카지노의 규정을 위반하는 것이다. 카지노는 고유의 영업권을 가지고 있으므로 그들에게 입장 금지 조치를 내릴 수 있다. 그러면 카지노에서 한밑천 벌어보겠다는 꿈은 물거품이 되어버린다. 적어도 호엔쥐부르크 카지노와 그 자매 업소들에서는 말이다.

도르트문트 근처 호엔쥐부르크 카지노의 저녁 시간은 일단 아주 지루하게 시작된다. 오로지 기다림이 있을 뿐이다. 자비네와 마티아스는 룰렛 테이블 가에 서서 한 시간 반 동안 무심한 척 구경만

한다. 그러나 이윽고 늘씬한 금발 미녀 자비네가 딜러들을 분주하게 만들기 시작한다. 그녀는 매번 돈을 거는데 항상 구슬이 구르기 시작한 다음에 돈을 건다. 딜러가 "베팅 마감!"이라는 외침으로 이제 돈을 걸면 안 된다고 알리기 몇 초 전에 자비네가 "이십일, 사, 사"라고 외친다. 이 외침은 21과 그 왼쪽 숫자 네 개와 그 오른쪽 숫자 네 개에 칩 하나씩, 총 아홉 개의 칩을 건다는 뜻이다. 룰렛 휠에는 숫자들이 제멋대로 배치되어 있기 때문에, 이 외침을 듣고 구슬이 멈추기 전에 베팅 내용에 맞게 초록색 판 위에 칩들을 올려놓는 것은 노련한 딜러에게도 거의 불가능하다. 그래서 딜러는 자비네의 베팅 내용을 그냥 암기한다.

　자비네는 처음 몇 판을 잃은 다음에 따기 시작한다. 매번은 아니지만 대략 세 판에 한 번씩 딴다. 통계학적으로 볼 때, 그녀의 방식으로 베팅을 하면 대략 네 판에 한 번꼴로 따는 결과가 기대되는데도 말이다(그녀가 거는 칩 아홉 개는 전체 칸 37개의 약 $\frac{1}{4}$을 채운다). 자비네가 두 가지 칩을 혼동하는 실수를 하자 딜러가 농담조로 "숙녀 분께서 잔재주가 대단하십니다"라고 말한다. 하지만 이 말은 자비네의 훌륭한 베팅 솜씨에 대한 칭찬으로 들린다.

　당연한 말이지만, 딜러는 자신의 말이 얼마나 옳은지 모른다. 자비네는 마음 내키는 내로가 아니라 마티아스의 컴퓨터가 그녀의 무선 이어폰을 통해 내리는 음향 명령에 따라 돈을 거는 중이다. 낮은 음 두 번에 높은 음 한 번은 숫자 21을 뜻한다. 그 숫자는 컴퓨터가 구슬의 초기 운동 상태를 토대로 계산하여 얻은 결과이다. 이 결과는 구슬이 구르기 시작한 다음에야 나온다. 따라서 자비네는 항상 다른 손님들보다 늦게, 구슬의 안착 지점이 사실상 결정된 다음에 돈을 건다. 문제는 구슬의 복잡한 궤적을 충분히 정확하게 계산하는 것뿐이다.

때때로 룰렛 테이블 주위가 술렁거린다. 똑같은 숫자가 연거푸 두 번 나오거나 검은색 숫자가 다섯 번 연속 나오면, 구경꾼이 사방에서 모여든다. 어떤 이들은 이제껏 되풀이해서 나온 결과에 걸어야 유리하다고 생각하고, 다른 이들은 '큰 수의 법칙'에 따라서 결과들이 균형 있게 나와야 하므로 그 반대의 결과에 걸어야 유리하다고 생각한다. 이런 관심과 논쟁은 카지노 사업자들을 기쁘게 한다. 왜냐하면 과거의 게임 결과를 알면 승률을 높일 수 있을 것이라는 착각을 부추기기 때문이다.

카지노들은 룰렛 휠이 정말로 무작위한 결과를 산출한다고 확신하기 때문에 구슬이 구르기 시작한 다음에도 베팅을 허용한다. 결과에 영향을 끼치는 물리량들—구슬의 속도, 룰렛 휠이 반대 방향으로 회전하는 속도, 다양한 마찰력들—이 모두 확정된 다음에도 베팅을 허용하는 셈이다. 구슬이 구르기 시작한 다음부터는 자유의지가 끼어들 틈이 없는 엄밀한 결정론적 과정이 있을 뿐이다. 그러므로 구슬이 구르기 시작한 직후의 조건들을 정확히 안다면, 결과를 알아낼 수 있어야 마땅하다. 그렇지 않은가?

진실은 그리 단순하지 않다. 구슬의 운동은 서로 전혀 다른 두 단계로 이루어진다. 처음에 구슬은 룰렛 휠의 가장자리에서 안정적으로 구른다. 이런 운동은 (데이터 측정만 정확하다면) 완벽하게 예측 가능하다. 그러나 그다음에 '카오스적인' 단계가 찾아온다. 이 단계는 구슬이 룰렛 휠의 가장자리를 벗어나 바닥의 돌출 부위들 중 하나에 부딪힐 때 시작된다. 그 돌출 부위들은 구슬이 튀어 오르게 만든다. 이어서 구슬이 숫자 칸에 들어가기 직전에도 충돌과 도약이 일어나 구슬이 갑자기 몇 칸 너머로 이동할 수 있다. 이 단계의 운동이 카오스적이라는 것은 다음을 뜻한다. 구슬은 계속해서 물리학 법칙들을 따르지만, 초기 조건—예컨대 구슬이 돌출 부위에 부딪히는 각도—의 미세한 차이가 결과의 큰 차이를 낳는다. 그 변화무쌍한 결과를 암산으로 알아낼 수 있는 사람은 없다. 모든 기술적인 보조수단이 금지된 카지노 안에서는 더욱더 그렇다. 구슬은 어느 돌출 부위에 충돌하든 상관없이 37개의 칸 가운데 어디에라도 안착할 수 있다.

그러나 특정 돌출 부위에 충돌한 구슬이 각각의 칸에 안착할 확률이 모두 동일하지는 않다. 적어도 수학자 피에르 바지외는 그렇게 주장하고, 마티아스 자이델과 그의 여자친구가 의지하는 장치는 바지외의 연구에 기반을 둔다. 바지외는 독일 카지노 계에서 꽤 유명하다. 룰렛 휠의 역학과 하얀 구슬의 탄도학에 대한 지식에서 그와 겨룰 수 있는 사람은 거의 없을 것이다. 그는 수십 년 전부터 때로는 '룰렛 휠을 살펴보고' 때로는 기술적인 보조수단을 가지고 게임에 직접 참여하는 방식으로 상당한 돈을 번다. 그는 이미 카지노 몇 곳에서 룰렛 휠의 질을 점검하는 고문으로 일한 바 있다.

이미 수많은 사람이 기술을 동원하여 룰렛에서 돈을 따려고 시도했다. 어떤 이들은 룰렛 기구를 조작하는—예컨대 딜러와 공모하여 원래 쓰이는 상아 구슬을 속에 쇠가 들어 있는 구슬로 바꿔치기하고 강력한 자석으로 구슬을 끌어당기는—방법을 선택했다. 그러나 우리의 관심사는 조작 없이 오로지 관찰에만 의지하는 방법이다. 피에르 바지외는 1978년에 자신의 지식을 토대로 기술을 개발하기 시작했다. 작은 휴대용컴퓨터는 당시에도 구할 수 있었다. 물론 그것의 계산 성능은 오늘날의 컴퓨터에 비해 훨씬 낮았지만 말이다. 마침내 1983년, 바지외의 비법은 확실한 예측을 내놓을 수 있을 정도로 발전했다. 그는 바트비스제Bad Wiessee에 있는 카지노에 가서 최고 한도 금액을 계속 걸었고 18만 5천 마르크를 땄다. 바지외는 그것이 '젊은 시절의 경솔함'에서 비롯된 행동이었다고 회고한다. 그 경솔함의 대가로 그는 뮌헨에서 발행되는 〈석간 신문Abendzeitung〉에 일면 머리기사로 보도되는 영광과 바트비스제 카지노 입장 금지 처분을 얻었다. 현재 바이에른 주의 카지노들은 바지외의 입장을 허용한다. 그러나 그가 구슬이 구르기 시작한 다음에 베팅하는 것은 허용하지 않는다.

바지외의 비법은 우선 구슬이 어느 돌출 부위에 충돌하고, 그 충돌 순간에 돌출 부위 아래에 어느 숫자 칸이 놓이는지 예측한다. 그 충돌 순간까지는 모든 운동이 규칙적으로 일어나므로, 측정값들이 충분히 정확하다면, 이 예측은 상당히 정확하게 이루어질 수 있다. 관찰자(게임 참여자 자신이거나 그의 동료)의 구두 속에는 스위치가 숨겨져 있다. 발끝으로 스위치를 몇 번 누르면 구슬과 룰렛 휠의 속도가 파악된다. 방법은 휠 가장자리의 특정 지점을 주목하면서 그 지점이 고정된 기준점을 지날 때마다 스위치를 누르는 것이다. 스위치를 첫 번째로 누르면 시간 측정이 시작되고, 두 번째로 누르면 휠이 한 바퀴를 도는 데 걸리는 시간이 측정되고, 세 번째로 누르면 휠이 그다음 한 바퀴를 도는 데 걸리는 시간이 측정된다. 두 번째 시간은 첫 번째 시간보다 더 길 텐데, 이 시간 차이는 휠의 회전이 얼마나 강하게 제동되는지 알려준다.

이 같은 측정 단계는 게임이 45판 정도 이루어질 동안 계속되는데, 이 단계에서 휠의 회전에 관한 데이터뿐 아니라 구슬이 어느 돌출 부위에 처음 부딪히는지도 컴퓨터에 입력된다. 조끼에 숨겨진 휴대용컴퓨터는 입력된 수치들을 토대로 삼아 예측을 내놓는다. 실제 게임 상황에서 컴퓨터는 복잡한 탄도 계산을 하는 대신에 측정된 사례들 중에서 구슬의 속도가 이번 판과 똑같았던 사례를 검색한다. 그다음에는 다른 모든 데이터를 적당히 조정하여 구슬이 충돌할 돌출 부위(충돌 돌출 부위)와 그 순간에 충돌 지점 아래에 놓일 숫자 칸(충돌 숫자 칸)을 예측한다.

그러나 게임 참가자가 알고 싶어 하는 것은 구슬이 부딪힐 돌출 부위가 아니라 안착할 숫자 칸이다. 그러므로 돌출 부위와의 충돌 이후에 구슬이 겪는 카오스 운동에 대해서 어떤 식으로든 예측을 내놓아야 한다. 이를 위해 공모자는 미리 동일 유형의 룰렛 휠과 구슬을 쓰는 게임을 수백 판 분석하여 구슬이 충돌 숫자 칸에서 얼마나 멀리 떨어진 곳에 안착하는지 알아두어야 한다. 이 단계에서 정확한 예측은 기대할 수 없다. 단지 확률분포를 얻는 것이 목적이다. 운이 나쁘면, 숫자 칸 37개에 동일한 확률이 배정되고 예측은 불가능해진다. 그러나 바지외가 도달한 깨달음의 핵심은 이것이다. 구슬이 돌출 부위에서 얼마나 멀리 튕겨질지에 대한 확률분포를 그려보면 대개 일정한 분포가 나오는 것이 아니라 최댓값과 최솟값을 지닌 분포가 나온다. 예컨대 돌출 부위가 12개인 호엔쥐부르크 카지노의 룰렛 휠에서는 확실한 최댓값이 나온다. 구체적으로 구슬이 충돌 숫자 칸에서 19칸 떨어진 지점에 안착할 확률이 최대이다. 룰렛 게임에서 딜러는 게임 참가자보다 확률적으로 아주 조금만 유리하므로, 예측된 확률분포가 일정하지만 않다면, 게임 참가자가 돈을 딸 가망이 충분히 있다.

    요컨대 마티아스의 컴퓨터는 구슬이 안착할 확률이 가장 높은 숫자 칸을 계산하고 그 결과를 음향 신호로 바꾸어 자비네의 이어폰으로 전달한다. 그다음에는 모든 행동이 신속해야 한다. 예측이 정확히 맞는 경우는 드물다. 컴퓨터가 내놓는 것은 정확한 계산 결과가 아니라 기껏해야 통계학적 판단이니까 그럴 수밖에 없다. 그러나 완전히 운에 맡기고 베팅을 해서 구슬의 안착 지점을 맞힐 가능성은 37판에 한 번임을 감안할 때, 컴퓨터의 예측이 20판에 한 번만 맞아도 게임 참가자는 딜러보다 넉넉하게 유리해진다. 하지만 게임 참가자는 결국 돈을 딸 때까지 꽤 오랫동안 게임을 할 각오를 해야 하고 그러려면 밑천이 어느 정도 두둑해야 한다. 자비네는 위험을 분산하기 위해 컴퓨터가 예측한 숫자뿐 아니라 그 왼쪽과 오른쪽의 숫자들에도 돈을 건다. 그래서 "이십일, 사, 사"라고 외친다.

자비네는 거의 모든 판에 돈을 건다. 그렇게 한 시간 정도가 지나자 룰렛 테이블 곁에 서 있던 마티아스가 자리를 뜬다. 이제 그만하자는 신호이다. 두 사람은 주차장에서 돈을 센다. 세 시간 만에 240유로를 땄다. 두 사람의 벌이인데다가 비용과 준비기간까지 감안하면 눈이 휘둥그레질 정도의 수입은 아니다. 카지노의 입장에서 240유로는 보이지도 않는 금액일 것이다. 그러나 마티아스는 확신을 얻었다. 갈고닦은 비법이 오늘 호엔쥐부르크 카지노에서 통했다. 다음번에 그는 판돈을 더 올릴 것이다.

룰렛에서 돈을 따기는 어렵다. 누구나 수업료를 지불한다. 카지노에서 돈을 잃는 방식으로 지불하기도 하고, 어떤 이들은 바지외나 마티아스에게 한 수 배우기 위해 지불하기도 한다. 이들의 가르침을 받으려면 약 3500유로를 내야 한다. 그러면 룰렛 게임에 관한 미묘한 지식, 룰렛 기구의 역학, 게임을 관찰하는 법, 기구의 미세한 불균형을 이용하는 법 등을 배울 수 있다. "이것들을 숙달하지 않고서 돈을 따겠다고 애쓰는 것은 헛수고다"라고 바지외는 말한다.

65세의 룰렛 달인인 그는 지금은 아주 가끔씩만 그것도 보조수단 없이 게임을 한다. 여러 해에 걸쳐 훈련한 덕분에 그는 컴퓨터 없이 게임을 해도 딜러보다 약간 높은 승률을 올릴 정도로 눈썰미가 예리해졌다. 바지외는 남들의 이목을 끌지 않기 위해 판돈을 조금만 건다. 하지만 책을 쓸 시간을 내기에 충분할 만큼 돈을 딴다고 그는 말한다. 그의 책들은 '우연을 길들이다', '구슬의 운동을 해부하다' 따위의 제목을 달고서 룰렛 게임의 모든 측면을 다룬다. 휴대용컴퓨터와 무선 통신기를 동원하여 딜러를 이기기로 마음먹은 사람들에게 바지외는 이렇게 조언한다. 그 자신이 항상 명심하고 따라온 조언이다. "절대로 들키지 마라!"

과학은 미래 예측이다

미래에 무슨 일이 일어날까? 이것은 인류가 던져온 질문들 가운데 가장 근본적인 것에 속한다. 미래를 내다보는 능력, 최소한 대강 예측하는 능력은 생존에 필수적이다. 미래 예측은 단기적인 예상("덤불 속에서 부스럭거리는 소리가 나면, 곧이어 호랑이가 튀어나온다")부터 아주 장기적인 전망까지 다양하다. 내일 또는 다음 주 날씨는 어떨까? 올해 수확량은 겨울을 나기에 충분할까? 내가 짝을 만나 아이를 낳게 될까?

 이런 예측을 잘하는 사람은 진화론적으로 유리하다. 심리학자 데이비드 휴런David Huron은 예측 능력을 감각의 일종으로 간주하여 '미래감각'으로 명명하기까지 한다. 휴런은 음악에 대한 연구도 하는데, 음악이 매력적인 이유 중 하나는 우리가 음악을 통해서 놀이를 하듯이 미래감각을 훈련하기 때문이라고 믿는다. 음악은 시간상에 질서 있게 배열된 소리이며, 음악을 들을 때 우리는 끊임없이 멜로디나 화음이 어떻게 진행될지에 대한 가설을 세운다. 예상이 적중하면 우리는 편안함을 느낀다. 예상이 (적당히) 빗나가면, 우리는 살짝 긴장하고 음악은 새삼 흥미로워진다.

　미래를 알고자 하는 욕구는 종교와 미신(점성술!)의 기원일 뿐 아니라 모든 과학의 기원이다. 자연과학의 진술은 거의 항상 "만일 이러이러하면, 저러저러하다"의 형식이다. 내가 이 세 가지 화학물질을 혼합하면, 이것들은 급격한 반응을 일으켜 폭발한다. 내가 강철 용수철에 두 배의 힘을 가하면, 용수철이 늘어나는 길이는 두 배가 된다. 내가 병원에서 의료기기를 소독하지 않으면, 감염이 확산된다. 미래를 충분히 정확하게 예측할 수 있는 사람은 부와 명성을 얻을 수 있다. 틀린 예측으로도 부귀영화를 누리는 것이 가능한데, 그러려면 예측이 최대한 막연해야 한다. 또는 틀렸음이 드러날 때쯤엔 사람들이 그 예측을 기억하지 못할 정도로 먼 미래에 관한 것이어야 한다. 잘나가는 점성술사들은 예컨대 주요 정치인들이 내년에 암살당한다는 예언을 늘 내놓지만, 일 년 뒤에 그 예언이 틀렸음을 대중에게 일깨우는 올곧은 비판자는 한두 명에 불과하다.

　특히 물리학과 거기에서 파생된 천문학의 역사는 수천 년 동안 예측 능력의 발전사였다. 일찍이 고대 그리스인은 천체들의 운동을 아주 정확하게 예측할 수 있었다. 당시에 평범한 사람들은 내년에 일어날 일식을 몇 분 단위까지 정확하게 예측하는 지식인의 능력을 마법과 다름없게 느꼈을 것이다. 일식처럼 중대한 사건을 정확하게 예측할 수 있다면, 일상의 자잘한 일들도 예측할 수 있어야 하지 않을까? 룰렛 구슬의 운동도, 오는 토요일에 추첨될 로또 당첨번호도 예측할 수 있어야 하지 않겠느냐 말이다.

세계 전체가 엄밀한 법칙들에 따라 기계적으로 작동하는 시계와 원리적으로 같다는 생각은 특히 18세기와 19세기에 전성기를 맞았다. 이 생각에 따르면, 그 법칙들은 수학으로, 이른바 미분방정식으로 기술되고, 우리는 미분방정식을 풀어서 세계의 미래를 정확하게 기술할 수 있다. 이 세계관은 프랑스 수학자 겸 천문학자 피에르 시몽 드 라플라스Pierre Simon de Laplace가 1814년에 쓴 다음과 같은 문구에서 절정에 이르렀다. "어느 순간에 세계에 존재하는 힘들과 세계를 이루는 요소들의 위치를 모두 알고 더 나아가 이 앎을 분석할 수 있을 만큼 방대한 지성은 가장 큰 천체들의 운동과 가장 작은 원자들의 운동을 동일한 공식으로 파악할 것이다. 그 지성에게 불확실한 것은 없을 것이며, 미래와 과거는 그 지성의 눈앞에 선명하게 놓일 것이다."

이 지성은 '라플라스의 악마'라는 이름으로 널리 알려졌으며 '맥스웰의 도깨비'(236쪽 참조)와 마찬가지로 생각 속에는 존재하지만 현실에는 존재할 수 없다. 그 이유는 여러 가지다. 누구나 쉽게 떠올릴 법한 반론은, 우주의 현재 상태를 충분히 정확하게 알고 그로부터 미래를 계산할 능력을 지닌 사람은 없다는 것이다. 20세기의 물리학은 라플라스의 악마가 존재할 수 없음을 보여주는 근본적인 논증을 두 가지 내놓았다. 상대성 이론에 따르면, 우리는 광속의 유한성 때문에 시공의 일부에 관한 정보만 얻을 수 있고 우리가 모르는 부분들이 항상 존재한다(제8화 참조). 또한 양자 이론, 특히 하이젠베르크의 불확정성 원리에 따르면, 우리는 입자의 위치와 속도를 동시에 임의의 정확도로 측정할 수 없는데, 라플라스의 악마는 그런 측정을 해야 한다.

약간 밀교적이고 일반인이 보기에 애매모호한 상대성 이론과 양자 이론은 카오스 연구의 필수 조건이 전혀 아니다. 카오스 연구는 옛날부터 잘 알려진 뉴턴 역학의 법칙들만이 지배하는 세계에서도 엄밀한 예측은 빗나갈 수밖에 없음을 깨우쳐준다. 어떤 과정들은 초기 조건의 교란에 매우 민감하게 반응한다. 초기 조건의 작은 변화가 결과의 큰 차이로 이어진다. 그런 과정의 한 예가 룰렛이다. 구슬이 돌출 부위에서 어떻게 튕겨지는지는 구슬과 돌출 부위가 어떻게 충돌하느냐에 따라 달라진다. 충돌 각도가 조금만 달라도, 구슬은 전혀 다른 방향으로 튕겨진다. 그런데 모든 계산은 근사적으로 파악된 초기 조건을 토대로 삼으므로, 정확한 예측은 불가능하다. 그러나 룰렛에 관심이 있는 모든 사람의 귀를 번쩍 뜨이게 하는 질문은 이것이다. 측정과 계산을 통해 확률적인 판단을 내림으로써 딜러보다 유리해질 수 있을까?

초기 조건의 변화에 민감하게 반응하는 물리적 시스템의 대표적인 예로 날씨가 있다. 오늘날의 기상학자들은 단기적인 날씨 예측을 아주 잘하지만, 다음 주의 날씨 예보만 해도 운이 좋아야 맞는다. 1961년에 미국 기상학자 에드워드 로렌츠Edward Lorenz는 미분방정식 여섯 개로 이루어진 날씨 컴퓨터 모형을 가지고 실험을 했다. 한번은 그가 컴퓨터의 노고를 덜어줄 생각으로 원래 입력해야 할 0.506127 대신에 반올림된 0.506을 입력하고 다시 한 번 계산을 했다. 그렇게 입력 값을 아주 조금 바꾸면서 그는 계산 결과도 원래 결과와 조금만 다르리라고 예상했다. 그러나 컴퓨터가 산출한 결과는 전혀 달랐다. 바로 이것이 카오스, 더 정확히 말해서 결정론적 카오스이다. 결정론적 카오스는 완벽하게 결정되어 있다는 것이다. 즉, 규칙들에 의해 미리 정해진 과정이다. 그럼에도 그 과정의 결과는 불확실하다.

물리학자들은 동역학 시스템의 행동을 기술할 때 이른바 위상공간phase space을 즐겨 사용한다. 위상공간이란 수학적 공간이며 경우에 따라 차원의 개수가 아주 많다. 정확히 말해서 위상공간의 차원의 개수는 시스템을 완전하게 기술하는 데 필요한 만큼으로 정해진다. 한 예로 단순한 진자를 생각해보자. 진자의 운동을 기술하기 위해서 물리학자들은 진자가 공간 안에서 그리는 궤적을 기술하는 대신에 진자가 기울어진 각도와 진자의 속도를 위상공간에 나타낸

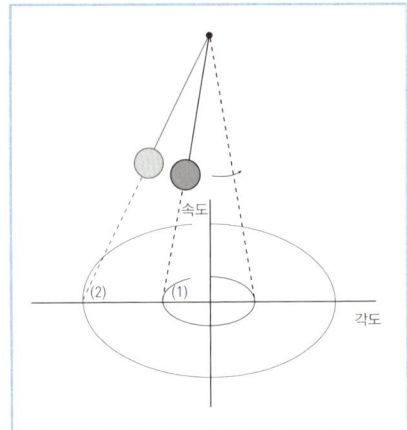

이 그림은 비감쇠 진동, 즉 마찰이 없는 이상화된 진동을 나타낸다. 진자가 위상공간에서 그리는 곡선은 크거나 작은 타원인데, 처음에 진자를 살짝 떠밀면 작은 타원(1)을, 세게 떠밀면 큰 타원(2)을 그리게 된다.

다. 그러면 진자의 운동을 완전하게 기술할 수 있다.

그러나 현실에서는 모든 진자가 마찰 때문에 제동된다. 출발점에서 내려와 영점을 지난 진자는 반대편으로 올라가지만 출발점과 같은 높이에 도달하지 못한다. 따라서 현실의 진자는 위상공간에서 나선을 닮은 궤적을 그리고 언젠가는 영점에서 멈춘다.

이때 영점을 일컬어 '끌개attractor'라고 한다. 끌개란 위상공간에서의 궤적이 어디에서 출발했든지 상관없이 귀착하게 되는 상태이다.

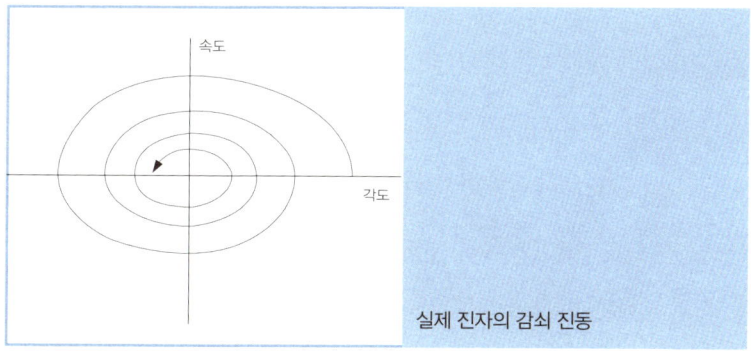

실제 진자의 감쇠 진동

시스템이 그리는 궤적에 교차점이 없다는 것은 모든 위상공간이 지닌 특별한 속성이다. 이 속성은 위상공간이 시스템을 완전하게 기술한다는 사실에서 비롯된다. 어떤 정해진 상태에 있는 시스템의 진화는 완벽하게 결정되어 있다. 시스템이 서로 다른 두 방향으로 진화하는 것은 불가능하다. 진자를 예로 들어보자. 진자가 특정한 각도만큼 기울어져 있고 특정한 속도로 운동하는 중이라면, 앞으로 진자는 단 하나의 방식으로만 진동할 수 있다. 이런 이유 때문에 2차원 위상공간에서 끌개는 그다지 흥미롭지 않다. 왜냐하면 그 끌개는 비감쇠 진자에서 등장한 타원처럼 닫힌곡선이든지 아니면 감쇠 진자에서 등장한 영점처럼 한 점이기 때문이다.

반면에 더 높은 차원의 위상공간에서 끌개는 전혀 다른 형태일 수 있다. 로렌츠가 자신의 날씨 모형에서 발견했고 그의 이름을 따서 명명된 끌개는 매우 복잡한 형태이며 '야릇한 끌개strange attractor'의 예들 가운데 가장 유명하다.

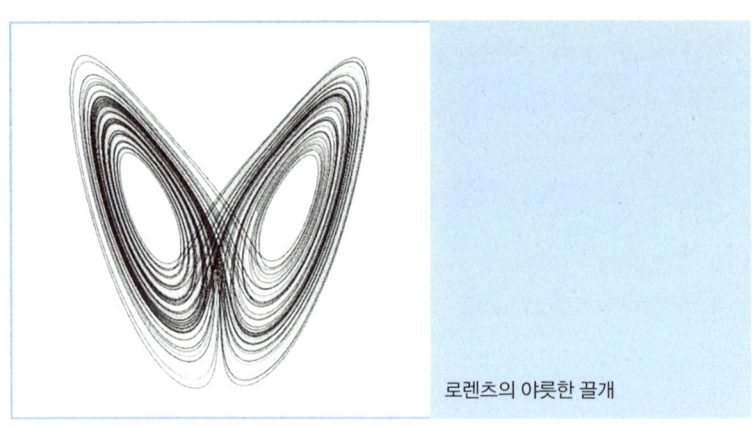

로렌츠의 야릇한 끌개

이 시스템의 상태는 오랫동안 위 그림의 왼편에서 비교적 유사한 경로들을 따라 맴돌다가 갑자기 오른편 '날개'로 옮겨갈 수 있고 그 반대도 마찬가지다. 그런 갑작스러운 이행은 궤도의 미세한 변화

(현실에서는 측정값들의 미세한 변화)와 맞물려 있다. 그래서 로렌츠의 날씨 모형에 반올림된 데이터를 입력하자 전혀 다른 결과가 산출되었던 것이다.

그렇다면 초기 데이터를 최대한 정확하게 측정하고 반올림을 하지 말아야 한다고 생각하는 독자도 있을 것이다. 그러나 컴퓨터는 소수점 아래 특정 자리까지만 고려한다. 심지어 동일한 초기 값에 대해서 컴퓨터마다 다른 계산 결과를 내놓을 때도 있다. 왜냐하면 컴퓨터는 계산 도중에 반복해서 나름의 규칙에 따라 반올림을 할 수밖에 없기 때문이다. 최고 성능의 슈퍼컴퓨터들도 카오스 앞에서는 진땀을 빼기 마련이다.

로렌츠는 '나비 효과'라는 용어도 창안했다. 아마존에 사는 나비 한 마리의 날갯짓이 카리브 해의 허리케인에 영향을 끼칠 수 있다는 뜻이 들어 있는 용어이다. 물론 이것은 비유이다. 나비의 날갯짓이 그런 엄청난 결과를 일으킬 수 있다고 믿는 전문가는 오늘날 아무도 없다.

반면에 다음 질문은 기상학자들 사이에서 뜨거운 논쟁거리다. 신뢰할 만한 날씨 예측이 가능한 한계 기간이 원리적으로 있을까? 혹시 몇 년이나 몇십 년 후에는 우리가 나비 효과를 충분히 다스릴 수 있게 되어서, 일주일 후나 한 달 후, 심지어 이번 여름 전체의 날씨를 훌륭하게 예측하는 것이 가능해지지 않을까?

날씨는 카오스들이 다 똑같지 않다는 점도 잘 보여준다. 어떤 날씨 상황은 아주 안정적이어서 며칠 뒤까지도 변화하지 않는다. 지구에는 기상학적으로 지루하기 이를 데 없는 지역들이 수두룩하다. 뜨거운 여름날 사막에서 누군가가 사흘 뒤에도 맑고 뜨거울 것이라고 예언한다고 상상해보라. 아마 반응으로 하품만 돌아올 것이다. 차가운 극지방의 공기와 따뜻한 아열대 바람이 자주 만나는 장소인 중부 유럽에서는 날씨가 자주 바뀐다. 그러나 중부 유럽에서도 예컨대 대형 저기압이 한자리에 머물면서 며칠 동안 날씨를 지배할 수 있다. 그럴 때 기상학자들은 편해지고, 날씨 모형에 입력하는 데이터가 약간 바뀌어도 결과는 크게 달라지지 않는다.

과학의 목표가 미래 예측이라면, 시스템이 카오스적이고 따라서 원리적으로 예측 불가능하다는 깨달음은 무슨 소용이 있을까? 대부분의 경우, 별 소용이 없다. 약 20년 전에 카오스 이론이 엄청나게 유행했지만 손에 잡히는 성과는 그리 많이 나오지 않았다. 주식 가격이 카오스적인 법칙들에 따라 요동한다는 것을 알더라도 주식 투자로 돈을 벌 수는 없다. 세계적인 금융위기에 대한 예측에서도 카오스 연구자들은 점성술사들보다 더 나을 것이 없었다.

 클로즈업 물리학 Q

단단한 꼬챙이 끝에 추를 달아서 만든, 뒤집힌 진자는 매우 불안정하다. 이 진자를 세워놓는 것은 거의 불가능하다. 약간의 움직임만 있어도 진자는 쓰러진다. 그러나 이 진자를 받침대에 고정하고, 받침대를 수직 방향으로 진동시키면, 진자의 수직 위치를 일정하게 유지할 수 있다. 어떻게 그럴 수 있을까? 또 그러려면 받침대를 어떻게 진동시켜야 할까?

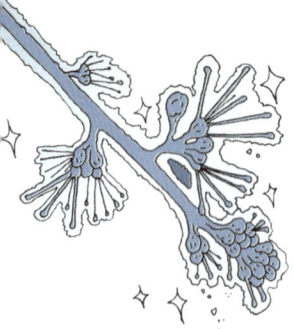

제14화 술 취한 포도밭 농부

얼음으로 냉기를 막다

토스카나 지방 작은 마을의 포도 재배자들이 저녁 모임을 위해 식당에 모여든다. 그들은 온종일 포도밭을 일구었고, 3월의 햇볕이 이미 따가워졌으므로, 스프링클러도 설치했다. 다들 작년에 담근 키안티 포도주를 실컷 마신다. 몇몇은 벌써 혀가 풀렸다. 벽에 걸린 텔레비전에서 지역방송사의 저녁 뉴스가 나오고 날씨 예보에 등장한 기상학자가 밤새 기온이 영하로 떨어질 것이라고 통보한다. 봄에 토스카나에 한파가 닥치는 일은 극히 드물지만, 한파 때문에 농사를 망친 일이 이 마을에도 몇 번 있었다. 꽃이 핀 포도나무는 추운 날씨에 매우 취약하다.

"스프링클러! 꽃이 흠뻑 젖었는데 추위가 닥치면 끝장이야!"

한 농부가 외친다. 주위가 술렁거리고, 거의 모든 농부가 재킷

을 집어들고 서둘러 밖으로 나가 오토바이나 트럭을 타고 집으로 향한다. 기온이 영하로 내려가기 전에 스프링클러를 잠그기 위해서다.

식당에 남은 농부는 루이기 한 명뿐이다. 그는 키안티를 너무 많이 마셨는지 주위의 소동을 전혀 알아채지 못하고 식당 구석에 앉아 코를 곤다. 다른 농부들이 나중에 돌아와 깨워도 루이기는 좀처럼 정신을 차리지 못한다. 다행히 더 늦은 시간에 루이기의 아내가 피아트 승용차를 몰고 와서 남편을 싣고 집으로 돌아가 침대에 눕힌다. 그러나 루이기의 포도밭에 설치된 스프링클러는 계속 작동한다.

이튿날 아침, 농부들은 지난밤에 취한 조치가 헛수고였음을 확인한다. 포도나무 꽃의 대부분이 뜻밖에 찾아온 영하 7°C의 추위를 견뎌내지 못했다. 한껏 취해 늦잠을 자고 일어난 루이기는 자기네 포도밭의 꽃들도 추위에 얼어 죽었을 것이라고 예상한다. 집을 나서서 포도밭에 가보니, 포도나무들이 두꺼운 얼음 갑옷을 뒤집어쓰고 있다. 그런데 놀랍게도 두세 시간 동안 햇볕이 내리쬐고 나니, 얼음이 녹고 꽃들이 다시 피어난다. 온 마을에서 유일하게 루이기네 밭의 꽃들만 온전하다. 이럴 수가, 얼음이 꽃을 냉기로부터 보호한 것일까?

물이 얼면 열이 발생한다

초봄에 밤의 추위로부터 연약한 꽃을 보호하기 위해 꽃을 얼음으로 감싸는 것은 오늘날 과일을 재배하는 농부들 사이에서 표준적인 방법이다. 이때 중요한 것은 얼음의 양을 조절하는 솜씨다. 얼음 갑옷이 너무 두꺼우면, 당연히 꽃에 해롭고 심지어 얼음의 무게 때문에 가지 전체가 부러질 수 있다.

하지만 도대체 어떻게 얼음이 보온 작용을 하는 것일까? 우선 지적해야 할 점은, 식물의 '즙'이 0°C에서 어는 순수한 물이 아니라는 것이다. 식물의 즙은 염분과 당분을 지녔기 때문에 어는점이 물보다 2~3°C 낮다. 따라서 온도가 0°C보다 더 낮지 않은 얼음을 덮어쓴 식물은 얼어 죽지 않는다. 게다가 얼음은 열전도성이 매우 낮다. 얼음은 외부의 냉기를 한참 동안 차단할 수 있다.

그러나 시간이 오래 지나면 얼음 갑옷의 온도도 낮아진다. 그러면 꽃은 죽는다. 그러나 스프링클러를 계속 작동시키면, 난방을 하는 것과 같은 효과가 발생한다. 이를 이해하기 위해서 일단 준비

단계로 그 반대의 경우를 살펴보자. 즉, 고체가 열을 받아서 액체가 되고 더 나아가 기체가 되는 과정을 살펴보자. 이 과정을 에너지-온도 그래프로 나타내면 대략 아래와 같다.

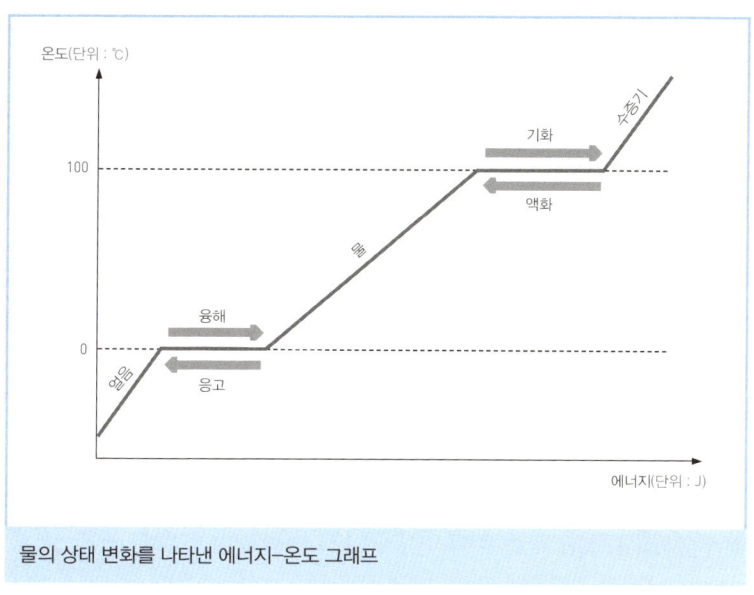

물의 상태 변화를 나타낸 에너지-온도 그래프

0°C 아래에서 물은 고체 상태로, 즉 얼음으로 존재한다. 우리가 얼음에 에너지를 투입하면, 얼음의 온도는 상승한다. 온도가 0°C에 이르면, 얼음은 녹기(융해하기) 시작한다. 그런데 이 융해 과정은 에너지를 필요로 한다. 왜냐하면 분자들이 서로 결합하여 이룬 얼음 결정이 깨져야 하기 때문이다. 그래서 얼음이 녹기 시작한 뒤에 에너지를 계속 투입해도 얼음물의 온도는 얼음이 다 녹을 때까지 0°C

를 유지한다. 얼음을 융해하는 데 필요한 에너지, 곧 융해 에너지는 정확히 1g당 333J이다.

계속해서 열을 가하면(에너지를 투입하면) 물의 온도가 상승한다. 그러나 물은 얼음보다 더 느리게 데워진다. 왜냐하면 물이 얼음보다 열용량이 높기 때문이다. 온도가 100°C에 이르면, 녹는점(0°C)에서 일어난 것과 비슷한 일이 일어난다. 물이 수증기로 변하려면, 물 분자들을 액체 상태로 붙들어두는 힘들이 극복되어야 한다. 따라서 이 변화가 일어나려면, 일정한 양의 에너지가 투입되어야 하고, 그 에너지를 일컬어서 기화 에너지라고 한다. 물의 기화 에너지는 1g당 2257J이다. 물이 수증기로 완전히 바뀌고 나면, 수증기의 온도가 상승한다.

그런데 에너지 보존 법칙에 따라서 다음이 성립한다. 얼음이 물로 바뀌고 더 나아가 수증기로 바뀌는 과정을 거꾸로 되돌리면, 매 단계에서 투입되었던 에너지가 다시 방출된다. 기체, 액체, 고체가 냉각되는 단계에서도 그렇지만, 액화(수증기가 물로 바뀌는) 단계와 응고(물이 얼음으로 바뀌는) 단계에서도 그렇다. 따라서 꽃에 떨어진 물은 얼면서 열(이른바 응고열)을 방출한다. 이 응고열은 얼음의 단열 작용과 함께 꽃을 냉해로부터 보호한다.

농부가 스프링클러를 밤새 작동시키는 것은 지혜로운 행동이다. 그러면 끊임없이 물이 얼음으로 바뀌면서 응고열이 발생한다. 스프링클러를 잠그면, '승화'라는 또 다른 과정이 일어날 위험이 있다. 승화란 고체 물질이 액체 상태를 건너뛰고 곧장 기체 상태로 바

뛰는 것을 말한다. 승화가 가능하다는 것을 예컨대 언 빨래가 마르는 것에서 알 수 있다. 딱딱하게 얼어붙은 빨래도 널어놓으면 마른다. 이 같은 승화 과정은 (융해 에너지와 기화 에너지를 합한 만큼의) 에너지를 필요로 한다. 그러므로 승화가 일어나면, 식물은 한꺼번에 많은 열을 빼앗겨서 위험할 정도로 냉각될 수도 있다.

아주 특별한 물질

지금까지 다룬 것은 모두 평범한 기압(약 1bar)에서 일어나는 과정들이었다. 그러나 압력은 물질의 행동에 큰 영향을 미친다. 그래서 물리학자들은 이른바 '상도표phase diagram'를 그린다. 상도표는 임의의 온도와 압력에서 물질이 어떤 상태로 존재하는지 보여준다. 상도표는 고체 나라, 액체 나라, 기체 나라, 그렇게 세 나라로 나뉜 지도처럼 보인다. 나라들 사이의 국경을 건너는 것은 한 응집 상태에서 다른 응집 상태로의 전이를 의미한다. 압력 1bar에서 수평선을 그으면, 우리에게 익숙한 평범한 압력에서의 상전이를 확인할 수 있다. 구체적으로, 물의 어는점은 0°C, 끓는점은 100°C이다.

모든 물질의 상도표에는 세 '나라'가 만나는 지점이 있다. 그 지점(의 온도와 압력)에서 물질은 세 가지 응집 상태를 모두 취할 수 있다. 그 지점을 일컬어 '삼중점'이라고 하는데, 물의 삼중점은 온도가 약 0°C, 압력이 약 0.006bar인 지점이다.

다음 페이지의 그림에 수직으로 그은 실선을 아래에서부터 위로 따라가면 물의 놀라운 속성을 알 수 있다. 온도가 0°C보다 낮고

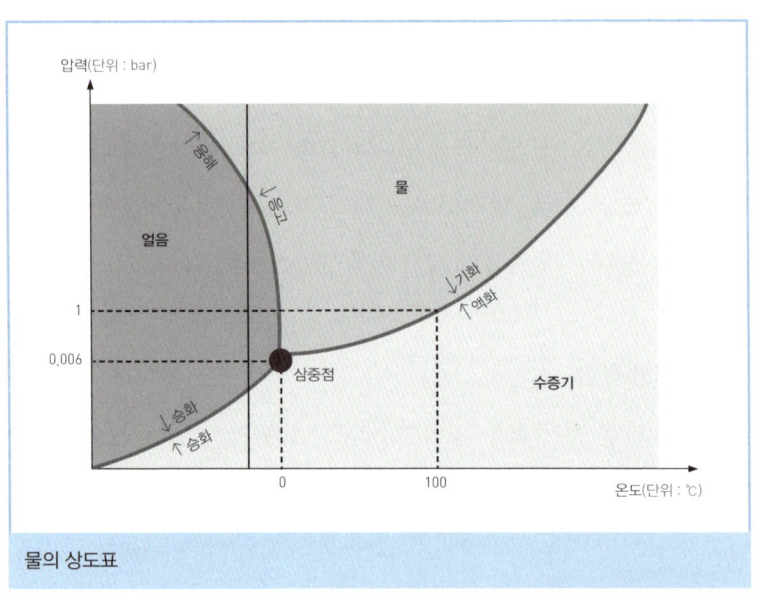

물의 상도표

압력이 매우 낮은 구간에서 물은 수증기로 존재한다. 그 상태에서 압력을 높이면, 수증기가 승화하여 얼음이 된다. 하지만 압력을 더욱더 높이면, 얼음이 갑자기 물로 바뀐다. 이렇게 특이한 상전이가 일어나는 원인은 물의 밀도가 온도에 따라 변하는 양상이 이례적이기 때문이다. 즉, 물이 밀도 이례성density anomaly을 지녔기 때문이다. 다른 물질들은 거의 모두 밀도가 고체일 때 가장 높고 액체일 때 중간이며 기체일 때 가장 낮다. 그런데 물은 그렇지 않다. 얼음이 0°C에서 녹으면 밀도가 비약적으로 높아지고, 모든 응집 상태를 통틀어 물의 밀도는 4°C에서 가장 높다.

얼음에 압력을 가하면, 결정격자를 이룬 분자들은 간격을 좁히

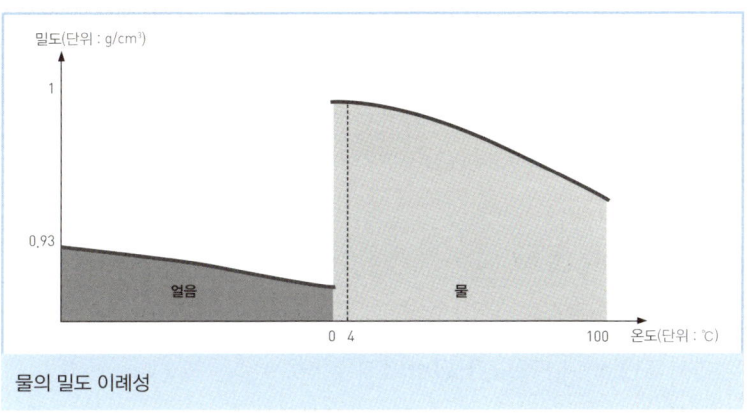

물의 밀도 이례성

려 할 것이다. 그러나 결정격자 안에서 분자들 사이의 간격은 거의 달라질 수 없다. 하지만 물 분자들이 더 밀집할 수 있는 또 다른 상태가 있다. 바로 액체 상태이다. 따라서 압력을 받은 얼음은 녹아서 물이 된다. 우리가 빙판 위에서 스케이트를 탈 수 있는 것은 이 원리 덕분이다.

물의 밀도 이례성은 물 분자가 이른바 쌍극자dipole인 것에서 비롯된다. 물 분자에 속한 수소 원자 두 개가 산소 원자에 붙어 있는 모양은 곰 인형의 머리에 귀 두 개가 붙어 있는 모양과 비슷하다. 그런데 그 수소 원자들은 양전하를 띠고 산소 원자는 음전하를 띠므로, 물 분자 전체는 한쪽에 양전하가 몰려 있고 반대쪽에 음전하가 몰려 있는 쌍극자가 된다. 따라서 물 분자들은 강한 전자기적 인력으로 서로를 끌어당긴다. 그러므로 물 분자들이 자유롭게 움직일 수 있는 액체 상태에서 물 분자들은 아주 조밀한 '무더기cluster'를 이룬다. 이 무더기는 기하학적인 얼음 결정보다 밀도가 더 높다.

물이 밀도 이례성을 지니지 않았다면 지구에 생명은 없었을 것이다(이 말은 결코 과장이 아니다). 우선, 밀도 이례성이 없는 물은 지구의 평균적인 온도에서 액체로 존재하지 않고 더 무거운 이산화탄소처럼 기체로 존재할 것이기 때문이다. 또한 물은 얼음보다 더 무겁기 때문에, 얼음은 항상 수면에 뜬다. 따라서 예컨대 호수는 항상 위에서부터 언다. 호수가 밑바닥까지 어는 일은 드물다. 이 덕분에 생물들은 혹한기에도 호수 밑바닥 근처에서 생존할 수 있다. 만약에 물이 밀도 이례성을 지니지 않아서 호수가 바닥에서부터 언다면, 호수의 생물들은 겨울마다 떼죽음을 당할 것이다. 이런 상황에서 인류가 발생하는 것은 틀림없이 불가능할 것이다.

클로즈업 물리학 Q

아주 추운 날에 뜨거운 물을 담은 냄비와 차가운 물을 담은 냄비를 밖에 놔두면, 뜨거운 물이 차가운 물보다 더 빨리 어는 경우가 있다. 왜 그럴까?

부록1 클로즈업 물리학 Q 문제풀이

제1화 32쪽 질량이 1000t인 빙산이 있다고 해보자. 이 빙산의 부피는 1111m³이다. 이 빙산은 질량 1000t만큼의 바닷물을 밀어낼 텐데, 그 바닷물의 부피는 980m³이다. 따라서 빙산 전체에서 물 위로 솟은 부분의 부피는 131m³, 즉 전체 부피의 $\frac{1}{9}$보다 크고 $\frac{1}{8}$보다 작다. 이 비율은 현실에서 달라질 수 있다. 예컨대 빙산 속에 공기가 많이 들어 있으면, 얼음의 밀도가 낮아지기 때문이다.

제2화 55쪽 의자에 앉은 사람이 움찔거리면, 사람–의자 시스템의 무게중심이 이동한다. 이때 무게중심은 새로 얻은 위치를 유지하려고 하므로, 다른 걸림돌이 없다면 의자가 조금 이동할 것이다. 하지만 의자와 바닥 사이의 정지마찰력이 의자의 이동을 방해한다. 따라서 사람이 아주 격하게 움찔거려야만 그 정지마찰력이 극복되고, 의자는 조금 미끄러진다. 사람이 한 방향으로 급격하게 움직인 다음에 반대 방향으로 살살 움직이기를 반복하면, 사람–의자 시스템은 한 방향으로 이동할 수 있다. 바꿔 말해서, 사람–의자 시스템의 운동을 야기하는 외부의 힘은 정지마찰력이다.

제3화 69쪽 모래시계를 '블랙박스'로 간주할 수 있다. 즉, 실험이 진행되는 동안 그 질량이 변하지 않는 닫힌 시스템으로 간주할 수 있다. 그렇게 간주하면, 모래시계가 저울에 가하는 힘은 모래의 흐름과 상관없이 동일하고,

따라서 양팔저울은 수평을 유지한다. 이 분석은 모래알갱이들이 운동하면서 발생하는 힘들을 무시하는데, 실제로 모래가 일정하게 흘러내리면 그 힘들은 상쇄된다. 모래알갱이 하나가 떨어지는 동안 모래시계의 무게는 모래알갱이 하나만큼 줄어들지만 곧이어 그 모래알갱이가 바닥에 떨어지면서 힘을 가하기 때문에, 결국 무게의 감소와 힘의 증가가 균형을 이룬다. 양팔저울의 움직임을 더 세밀하게 기술하면 이러하다. 실험을 시작한 직후에는 바닥에 도달하는 모래알갱이들이 아직 없기 때문에, 뒤집힌 모래시계가 놓인 접시가 약간 위로 올라갔다가 곧 평형위치로 돌아오고, 실험의 막바지에는 마지막으로 떨어지는 모래알갱이들 때문에 그쪽 접시가 약간 아래로 내려갔다가 곧 평형위치로 돌아온다.

제4화 84쪽   얼핏 쉬워 보일 수도 있겠지만, 천하장사도 전화번호부가 매달린 끈이 수평이 되도록 만들 수 없다. 남자의 양손이 힘을 발휘하는 만큼, 끈에 장력이 걸릴 텐데, 그 장력이 전화번호부를 위로 당길 수 있으려면, 끈이 조금이라도 아래로 늘어져야 한다. 끈이 완전히 수평으로 놓여 있다면, 끈의 장력은 수평으로 작용할 것이므로 전화번호부를 끌어올리지 못한다.

제6화 123쪽   컵의 일부만 채워진 상태에서도 성공할 수 있다. 컵의 외부에서는 기압이 판지를 밀고, 내부에서는 컵 속에 들어 있는 공기와 물의 압력이 판지를 민다. 그 결과로 처음에는 판지가 아래쪽으로 불룩하게 휘어지지만, 이와 함께 물이 아래로 약간 이동하면(물의 표면장력 때문에 물이 컵의 가장자리와 판지 사이로 빠져나가지는 못한다) 컵 속의 공기는 더 큰 공간을 차지하게 되어 압력이 낮아진다. 그러므로 컵 안팎의 압력이 균형을 이룰 수 있다. 따라서 손을 떼는 방식에 조금만 신경을 쓰면, 물이 쏟아지지 않도록 만들 수 있다.

제7화 146쪽　지구 반지름을 6500km, 중력가속도를 9.8m/s²으로 놓고, 본문에 나오는 원심력 공식을 이용하여 계산하면 총알은 약 29000km/h의 속도로 날아가야 한다. 이 속도는 지구 주위를 도는 인공위성의 최저 속도이기도 하다.

제8화 171쪽　움직이는 우주선이 주기가 6분(진동수가 $\frac{1}{6분}$)이며 전파속도가 광속 c인 파동을 방출하는 상황이므로, 상대론적 도플러 효과를 따지면 쉽게 문제를 해결할 수 있다. B 행성에서 파동을 관찰할 경우, 즉 우주선이 속력 v로 다가올 경우, 아래 공식이 성립한다.

$$\frac{f_B}{f_S} = \sqrt{\frac{1 + \frac{v}{c}}{1 - \frac{v}{c}}}$$

(f_B : B 행성에서 관찰한 파동의 진동수, f_S : 광원에서 방출된 파동의 진동수)

문제에서 $f_B = \frac{1}{3분}$, $f_S = \frac{1}{6분}$ 이므로, 이를 위의 식에 대입하면 $\frac{v}{c} = \frac{3}{5}$을 얻을 수 있다. A 행성에서 파동을 관찰할 경우, 즉 우주선이 속력 v로 멀어질 경우에는 아래 공식이 성립한다.

$$\frac{f_A}{f_S} = \sqrt{\frac{1 - \frac{v}{c}}{1 + \frac{v}{c}}}$$

(f_A : A 행성에서 관찰한 파동의 진동수)

위의 식에 $\frac{v}{c} = \frac{3}{5}$을 대입하면 다음과 같다.

$$\frac{f_A}{f_S} = \frac{1}{2}$$

따라서 $f_A = \dfrac{1}{12분}$ 이 나온다. 즉, A 행성에는 12분마다 전파신호가 도착한다.

제9화 190쪽   헬륨을 들이마신 사람의 목소리가 쥐 울음소리처럼 변하는 것은 목소리의 진동수가 높아지기 때문이 아니다. 헬륨에 둘러싸인 성대는 공기에 둘러싸인 성대보다 더 빠르거나 느리게 진동하지 않는다. 그러나 헬륨 속에서 소리는 공기 속에서보다 더 빠르게(343m/s의 속도가 아니라 981m/s의 속도로) 퍼져나가므로, 헬륨을 들이마시면 목구멍과 구강의 공명조건이 달라져서 평소에 증폭되지 않던 진동수의 소리가 증폭되고, 따라서 목소리의 음색이 바뀐다. 목소리의 진동수, 즉 음높이는 그대로라는 사실은 노래를 불러보면 쉽게 확인된다. 헬륨을 들이마셔도 노래를 평소의 음높이로 부르는 데 지장이 없다.

제10화 211쪽   방사성 원자들의 붕괴 과정은 인간이나 동물 집단의 '사멸 과정'과 판이하게 다르다. 원자가 붕괴할 확률은 어느 순간에나 동일하다. 원자는 자신의 붕괴가 얼마나 오래 유예되었는지 모른다. 생물은 노화하고 따라서 나이가 들수록 죽을 확률이 높아진다. 그러므로 처음 80년 동안에는 살아남은 사람이 살아남은 원자보다 더 많고, 그다음에는 사람의 수가 더 빨리 감소한다. 160년 뒤에는 처음에 있던 원자들의 $\dfrac{1}{4}$이 남을 것이다. 그러나 그때 살아 있을 사람은 아마 없을 것이다.

제11화 239쪽   열에너지는 있지만 '냉(冷)에너지'는 없다. 그러므로 냉에너지를 산출하는 기계 따위는 없고, 단지 교묘한 방법으로 열에너지를 다른 곳으로 옮겨놓는 기계만 존재한다. 냉장고가 그런 기계이다. 냉장고는 내부의 열에너지를 (냉장고 뒷면의 장치를 통해) 외부로 끌어낸다. 이때 냉장고는 전기 에너지를 '소비'하는데, 소비된 전기 에너지 역시 열에너지가 된다. 그러므로 냉장고가 작동하면 열의 총량이 증가한다. 냉장고 문을 열어놓으면, 냉장고 내부의 온도가 기준보다 낮아지지 않아서 냉장고가 계속 최대 출력으로 작동하게 된다. 그러므로 주방의 온도는 더 높아진다.

제12화 254쪽 정답은 c)이다. 새벽이란 태양이 아직 지평선 아래에 있으나 햇빛의 산란으로 지상이 어스름하게 밝아진 때를 의미한다. 다시 말해 산란된 햇빛이 지상에 도달하기 시작하는 순간부터 태양이 지평선에 나타나는 순간까지를 새벽이라고 한다. 이 두 순간 사이의 간격이 새벽의 길이다. 새벽의 길이와 관련해서 중요한 것은 태양의 궤도와 지평선 사이의 각도다. 전문용어로 태양의 대시각parallactic angle이라고 하는 이 각도는 연중 춘분과 추분에 가장 크다. 쉽게 말해서 춘분과 추분에 태양이 수직에 가장 가까운 방향으로 떠오른다. 그러므로 지평선 아래에서 지상에 여명을 드리우기 시작한 태양이 지평선에 나타날 때까지 거치는 경로가 연중 춘분과 추분에 가장 짧다. 따라서 새벽의 길이는 춘분과 추분에 가장 짧다.

제13화 275쪽 뒤집힌 진자의 안정성에 관한 정확한 수학적 풀이는 이 책의 범위를 벗어난다. 그러나 다음과 같이 정성적으로 말할 수 있다. 진자가 받침대의 진동 때문에 겪는 수직 방향 가속도가 중력 때문에 겪는 낙하 가속도보다 더 크면, 중력의 영향은 상쇄되고 진자는 쓰러지지 않는다.

제14화 284쪽 왜 때때로 뜨거운 물이 차가운 물보다 더 빨리 어느냐는 질문은 물리학자들 사이에서 뜨거운 논쟁거리다. 가장 간단한 설명은 이러하다. 물의 표면에서는 끊임없이 증발이 일어난다. 뜨거운 물은 차가운 물보다 더 빨리 증발한다. 따라서 뜨거운 물이 차가운 물보다 더 많이 줄어든다. 그러므로 원래 뜨거웠던 물의 어는 과정이 더 빨리 진행될 수 있다.

부록2 가장 중요한 물리 공식 12가지

물리학 공부를 하다 보면 몇 년을 해도 새로운 공식들이 계속 나온다. 그 많은 공식 가운데 가장 중요한 것들을 추릴 수는 없을까? 항상 다시 등장하는 공식이 몇 가지 있다. 이제부터 내가 가장 중요하다고 여기는 공식들을 나열하겠다.

1. 등속도 운동

$$v = \frac{s}{t}$$

(v : 속도, s : 이동거리, t : 시간)

등속도 운동, 즉 속도가 변하지 않는 운동은 힘이 작용하지 않을 때 물체가 하는 '자연스러운' 운동이다. 앞으로 나올 다른 모든 공식과 마찬가지로 이 공식도 변형해서 써먹을 수 있다. 예컨대 속도와 시간을 알고 이동거리를 계산할 때에도 이 공식을 이용할 수 있다.

2. 가속도 운동

$$s = v_0 \times t + \frac{1}{2} \times a \times t^2$$

(s : 이동거리, v_0 : 처음 속도, a : 가속도, t : 시간)

일정하게 가속하는 운동은 물체가 일정한 힘을 지속적으로 받을 때 일어난다. 예를 들어 물체가 지구의 중력장 안에서 마찰 없이 낙하할 때 가속도 운동이 일어난다. 이 공식을 이용하면 예컨대 낙하하기 시작한 물체가 3초 동안 이동하는 거리를 계산할 수 있다(이 경우에는 $v_0 = 0$이다).

3. 뉴턴의 두 번째 운동 법칙

$$F = m \times a$$

(F : 힘, m : 질량, a : 가속도)

아마 이것이 고전역학에서 가장 중요한 법칙일 것이다. 힘이 질량에 작용하면 가속도 운동이 일어나는데, 이 관계를 수량화한 것이 위 공식이다. 1t짜리 자동차를 10초 만에 100km/h의 속도로 가속시키려면 얼마나 큰 힘이 필요할까?

4. 일

$W = F \times s$

(W : 일, F : 힘, s : 이동거리)

일은 힘 곱하기 이동거리이다. 고전적인 예를 들어보자. 사람이 무거운 물체를 특정 높이로 들어올린다고 해보자. 이 과정에서 사람은 끊임없이 중력에 맞서서 일을 해야 한다. 들어올리는 높이가 두 배로 높아지면, 당연히 일을 두 배로 많이 해야 한다. 반면에 물체를 높이가 똑같은 지점 A에서 B로 이동시키는 것은, 마찰력을 무시하면, 일을 하는 것이 아니다.

5. 위치 에너지와 운동 에너지

$E_{위치} = m \times g \times h$

$E_{운동} = \dfrac{1}{2} \times m \times v^2$

($E_{위치}$: 위치 에너지, $E_{운동}$: 운동 에너지, m : 질량, g : 중력가속도, h : 높이, v : 속도)

에너지란 말하자면 물체에 '깃들어 있는 일'이다. 에너지의 크기는 그 일의 크기와 같다. 예컨대 사람이 물체를 특정 높이로 들어올렸다면, 물체의 위치 에너지는 사람이 한 일과 같다(사람이 그 일을 하는 데 필요한 힘은 공식 3에 따라 $m \times g$와 같다). 사람이 그 물체를 높이 h에서 떨어뜨리면, 물체의 위치 에너지는 물체의 운동에 깃든 운동 에너지로 변환된다.

6. 중력

$$F = \frac{G \times m_1 \times m_2}{r^2}$$

(F: 두 물체 사이에 작용하는 인력, m_1과 m_2: 두 물체 각각의 질량, r: 두 물체 사이의 거리, G: 중력상수)

우리에게 익숙한 중력은 주로 지구의 인력이지만 뉴턴은 질량을 지닌 임의의 두 물체가 서로 끌어당긴다는 것을 알아냈다. 요컨대 우주에 있는 모든 물체는 다른 모든 물체의 존재를 느낀다. 하지만 중력은 거리가 멀어짐에 따라 급격하게 약해진다. 거리가 2배로 멀어지면, 중력의 크기는 $\frac{1}{4}$이 된다. 수학 용어로 표현하자면, '중력은 거리의 제곱에 반비례'한다.

7. 전기 저항

$R_{직렬} = R_1 + R_2 + \cdots\cdots + R_n$

$$\frac{1}{R_{병렬}} = \frac{1}{R_1} + \frac{1}{R_2} + \cdots\cdots + \frac{1}{R_n}$$

($R_1, R_2, \cdots\cdots, R_n$: 전기 저항들, $R_{직렬}$: 전기 저항들을 직렬로 연결했을 때 전체 저항, $R_{병렬}$: 전기 저항들을 병렬로 연결했을 때 전체 저항)

복잡한 회로의 저항을 계산할 때 필요한 기본 공식들이다.

8. 옴의 법칙

$V = I \times R$

(V : 전압, I : 전류, R : 저항)

전기학의 기본 공식이다. 저항이 주어졌을 때 특정한 전류를 산출하려면 전압을 얼마나 세게 걸어야 하는지 알려준다. 또는 V, I, R 중에서 임의의 두 값이 주어졌을 때 나머지 한 값을 계산할 수 있게 해준다.

9. 전력

$$P = V \times I = \frac{V^2}{R} = I^2 \times R$$

(P : 전력, V : 전압, R : 저항, I : 전류)

전류가 일을 해야 하는 상황에서 필요한 공식이다. 전력이란 전류가 단위시간 동안 수행하는 일이며 와트 단위로 측정된다. 따라서 일의 단위는 전력 곱하기 시간, 구체적으로 Ws(와트초) 또는 Wh(와트시) 이다.

10. 로렌츠 변환

$$x' = \gamma \times (x - v \times t)$$
$$t' = \gamma \times (t - \frac{v}{c^2} \times x)$$
$$\gamma = \frac{1}{\sqrt{1 - \frac{v^2}{c^2}}}$$

(v : 속도, t와 t' : 시간, c : 빛의 속도, γ : 로렌츠인자)

이 공식들은 물체들이 빛의 속도에 가까울 정도로 빠르게 움직이는 상황에서 필요하다. 그런 상황에서는 기이한 일들이 일어난다. 예컨대 두 속도를 단순하게 합산하면 안 되고, 시간이 느려지며 길이가 짧아진다. 로렌츠 변환 공식들은 이런 기이한 상황에 적합한 좌표 변환 방법을 가르쳐준다(제8화 참조).

11. 아인슈타인 방정식

$$E = m \times c^2$$

(E : 에너지, m : 질량, c : 빛의 속도)

아인슈타인이 세운, 가장 유명한 물리학 공식으로, 질량과 에너지는 원리적으로 동일하다는 뜻을 담고 있다. 질량은 예컨대 태양에서 복사 에너지로 변환되는데, 이 공식은 특정 질량이 얼마나 많은 에너지로 변환되는지 알려준다.

12. 하이젠베르크의 불확정성 원리

$$\Delta x \times \Delta p \geq \frac{h}{4\pi}$$

(Δx : 입자의 위치 측정 오차, Δp : 입자의 운동량 측정 오차, h : 플랑크상수)

이 공식은 등식이 아니라 부등식의 형태이며 다음과 같은 뜻을 담고 있다. 우리가 입자의 위치를 아주 정확하게 측정하려고 하면, 다시 말해 Δx를 아주 작게 만들려고 하면, 입자의 운동량 측정 오차 Δp가 커진다. 입자의 운동량과 위치를 동시에 정확하게 측정하는 것은 원리적으로 불가능하다.

옮긴이의 말

철학자 헤라클레이토스가 이런 명언을 남겼다. "주저하지 말고 들어오시오. 여기에도 신들은 있으니." 그의 명성을 듣고 찾아온 손님들이 아궁이 앞에서 불을 때는 그를 보고 머뭇거리자 한 말이다. 그때 그의 모습은 짐작하건대 꽤나 추레했을 것이다. 신들, 곧 진리를 다루는 품격 있는 철학자답지 않게.

플라톤이 지은 〈파르메니데스〉에는 늙은 파르메니데스가 젊은 소크라테스를 타이르는 대목이 나온다. 정확한 인용은 아니지만, 파르메니데스가 "손톱 밑의 때, 비듬 따위에도 이데아가 있을까?"라고 묻자 젊은 소크라테스는 그런 하찮은 것에는 이데아가 없는 것 같다고 대답한다. 이에 파르메니데스는 자네의 공부가 아직 부족하다고 타이른다. 알다시피 젊은 소크라테스가 주목한 것은 '선의 이데아'였다. 그에게 이데아는 완벽함 그 자체, 고귀함 그 자체였다. 그런 이데아와 손톱 밑의 때는 영 어울리지 않았다. 진리를 구하러 헤라클레이토스를 찾아왔지만 아궁이 앞으로 가기를 꺼린 그 손님들과 젊은 소크라테스는 닮은꼴이다.

어디에서 진리를 찾을 수 있을까? 진리는 어느 웅장한 신전 안에, 지극히 성스러운 어떤 곳에 모셔져 있을까? 헤라클레이토스의 명언과 파르메니데스의 타이름에서 읽어낼 수 있는 대답은 진리가 '아무데나' 있다는 것이다. 아닌 게 아니라 진리가 정말로 진리라면, 온 우주에 스며들어 있어야 마땅할 것이다. 무언가를 비진리로 규정하고 배제하는 진리는 참된 진리이기 어렵다.

그러므로 진리는 어디에나 있다. 흔한 말이지만, 물리학은 어디에나 있다. 손톱 밑의 때, 비듬, 아궁이, 심지어 옆구리 터진 소시지에도 있다!

얼마 전에 유럽원자핵공동연구소(CERN)에서 이른바 '힉스 입자'를 발견했다는 소식으로 미디어가 술렁거렸다. 빅뱅의 비밀이 풀렸다나 어쨌다나 자못 요란했다. 힉스 입자와 빅뱅은 물론 중요한 주제다. 수많은 물리학자에게 일자리를 제공하고, 더 많은 일반인의 상상력을 자극한다. 그러나 그런 거창한 주제들이 물리학을 대표하는 상황은 결코 바람직하지 않다. 진짜 물리학은 엄청난 돈을 들여 지하 깊숙이 건설한 거대한 입자 가속기에만 있는 것이 아니라 우리 주변의 온갖 하찮고 누추한 것들에도 스며들어 있기 때문이다. 우리 주변, 우리 동네가 우리의 삶을 지탱하는 것이 옳듯이, 지금 여기의 누추한 것들이 우리 각자의 물리학을 지탱하는 것이 옳다. 힉스 입자에 관한 물리학보다 옆구리 터진 소시지에 관한 물리학을 더 중시하는 사람이 많아져야 한다. 그래야 삶도 물리학도 건강해진다.

저자의 전작 《수학 시트콤》과 마찬가지로 이 책도 무척 재미있다는 것이 최대 장점이지만, 재미에 대해서는 지난번에 장황하게 이야기했으므로, 이번에는 다른 면을 강조하고 싶었다. 그래서 주변,

하찮음, 누추함, 기초 따위의 단어를 떠올렸다. 다들 첨단과 최고만 좋아하면 기초는 자꾸 부실해지고, 결국에는 어쩔 수 없이 첨단과 최고를 수입하고 모방하게 된다. 플라톤과 아리스토텔레스의 모든 저작을 외우고 있더라도 지금 여기에서 벌어지는 일에 대해 분명하고 또렷하게 이야기할 수 없다면, 그런 사람은 철학자가 아니라고 데카르트는 말했다. 우리가 건강할 때, 우리 각자의 주변과 일상은 아주 재미있는 곳일 뿐더러 지극히 고귀한 진리가 스며들어 있는 곳이다. 이 책 덕분에 그곳을 새롭게 보게 되는 사람이 많기를 바란다.

찾아보기

ㄱ

가이거 계수기 209
각속도(ω) 133~134
간섭 204, 206~207
　~무늬 208~209
갈릴레이, 갈릴레오 40~41, 100, 116
　~의《운동에 관하여》41
게리케, 오토 폰 60, 68
관성계 159, 165~170, 245
광자 180, 199, 204, 206~207
굴절 178, 180, 185, 188~189
기화 279, 282
　~ 에너지 280~281
끌개 271~272
끓는점 281

ㄴ

나비 효과 273
내부 에너지 67~68
내부압력 77, 79~84, 120~122
녹는점 280
뇌터, 에미 238
뉴턴(N) 29~30, 43, 84, 119, 122, 229
뉴턴, 아이작 62~63, 104, 131,
　140~144, 237, 269, 291, 293

ㄷ

대기 역전 현상 188

대원 250~251
데카르트, 르네 117
동압 140
《디 차이트》240

ㄹ

라디안(rad) 133~134
라이트 형제 141
라플라스, 피에르 시몽 드 268
　~의 악마 268~269
로렌츠, 에드워드 269, 272~273
　~ 변환 공식 164~166, 295
　~인자(γ) 165~168, 295
루브너, 막스 102~103

ㅁ

마구잡이 흐름(난류) 145, 185
마찰계수(μ) 48, 50, 52~54
마찰력 37, 41, 45~49, 223, 226, 260,
　292
맥스웰, 제임스 클러크 236~237
　~의 도깨비 236, 268
무게 18~19, 24~25, 29~32, 41~43,
　45~46, 62, 92~93, 97~99, 101,
　114, 116, 119, 122, 218, 222, 225,
　230~233, 278, 285~286
밀도 이례성 282~284

ㅂ

바스카라 220
바지외, 피에르 256, 261~262, 264~266
받음각 141, 144
베르누이, 다니엘 129~131, 135,
　　141~142
　　~ 방정식 135, 140
　　~의 원리(법칙) 129~130,
　　142~143, 145
벨, 존 스튜어트 209
부력 24~25, 27~30, 218, 229~231, 233
비트루비우스 24

ㅅ

산란 106, 175, 180, 184~185, 289
삼중점 281~282
삼투 74~75
상대성 이론 131, 153, 158, 164, 171,
　　268~269
상도표 281~282
슈뢰딩거, 에르빈 208
　　~의 고양이 195, 198, 209
스메레찬스키, 미하일 233
스위프트, 조너선 95, 99
　　~의 《걸리버 여행기》 95
승화 280~282
시간 지체 167~168
시공 도표 160, 162, 167, 169
쌍극자 283
쌍둥이 역설 153, 168

ㅇ

아르키메데스 17~25, 28, 30
　　~의 원리 24~25, 28
아리스토텔레스 41, 115
아민, 산제이 237

아인슈타인, 알베르트 153, 158~159,
　　163~165, 237, 245, 296
액화 279~280, 282
야릇한 끌개 272
양력 99, 140~142, 144~145
양자 이론 195, 197, 200, 203, 207,
　　210, 234, 268~269
양자 자살 210
어는점 278, 281
에너지 보존 법칙 223, 226~227, 237,
　　280
엔트로피 엔진 237
여러 세계 이론 197~199, 202, 210
열에너지 226, 234, 288
열역학 제1법칙 218, 233~234
열역학 제2법칙 234~235
영구 기관 122~123, 214, 219~221,
　　224, 226~229, 232~235, 237~238
영점 에너지 122
우주정거장 126, 131~135
운동 에너지 67~68, 138~139,
　　223~227, 233~234, 292~293
원심력 133, 287
웨스트, 제프리 103
위상공간 270~272
위치 에너지 140, 223~227, 233,
　　292~293
윌킨스, 존 221
　　~의 《수학 마술》 221
유체 130, 135, 145
유효 음속 189
융해 279~282
응고 279~280, 282
이중슬릿 실험 204~205, 207~208,
　　210

ㅈ

자유낙하 37, 40, 44~45, 49
작용과 반작용의 법칙 62~63, 66~67, 104, 140~141, 144
장력 63, 78~83, 286
정압 137~138, 140
정지마찰력 63, 285
제1종 영구 기관 233
제2종 영구 기관 234
종단속도 48~49, 53~54, 100
중력 37, 42, 62~63, 97, 114, 126, 131~134, 222, 228~229, 232, 245, 248~249, 254, 289, 292~293
~가속도(g) 43~44, 47, 132, 170, 225, 287, 292
지레의 원리 31
질량 25, 27~30, 41~43, 47~48, 51~52, 55, 62, 65, 67~68, 97~98, 114, 116, 119, 121, 138~139, 207, 225, 285, 291~293, 296

ㅊ

층류 145

ㅋ

카오스 256, 261, 263, 269~270, 273~274
케플러, 요하네스 125
코리올리 힘(효과) 241, 244~245, 249, 251~254
코안다 효과 145
코펜하겐 해석(고전적 해석) 197~198, 202, 208
크럼플 존 65~66
클라이버, 막스 103
킬로폰드(kp) 29, 42

ㅌ

타이스니에루스, 요하네스 221~222
테그마크, 막스 198~199, 210
테오크리토스 20~22
토리첼리, 에반젤리스타 116~117
특수 상대성 이론 159

ㅍ

파동함수 207~209
파면 181~182, 187
파스칼, 블레즈 117~118
~의 '공허 속의 공허' 117~118
파워 205
평행우주 200, 210
프톨레마이오스, 클라우디오스 162
《피직스 월드》 204

ㅎ

하위헌스, 크리스티안 182, 185
~의 원리 182, 185, 187
하이젠베르크, 베르너 카를 122
~의 불확정성 원리 122, 296
항력계수(c_w) 49~50, 52~54
헤르만, 노르베르트 54
활강력 45~50, 222, 228
회절 175, 179~180, 183~184
휴 에버렛 3세 197

A~Z

QS 기계 199, 201~202

옮긴이 전대호

서울대학교 물리학과와 동 대학원 철학과에서 박사과정을 수료했다. 독일 쾰른대학교에서 철학을 공부했다. 1993년 조선일보 신춘문예 시 부문에 당선되어 등단했으며, 현재는 과학 및 철학 분야의 전문번역가로 활동 중이다. 저서로는 《가끔 중세를 꿈꾼다》《성찰》《철학은 뿔이다》등이 있으며, 번역서로는 《로지코믹스》《위대한 설계》《스티븐 호킹의 청소년을 위한 시간의 역사》《기억을 찾아서》《생명이란 무엇인가》《수학의 언어》《산을 오른 조개껍질》《아인슈타인의 베일》《푸앵카레의 추측》《초월적 관념론 체계》《동물 상식을 뒤집는 책》《수학 시트콤》등이 있다.

물리학 시트콤

1판 1쇄	2012년 9월 10일
1판 8쇄	2022년 6월 14일

지은이	크리스토프 드뢰서
옮긴이	전대호
펴낸이	김정순
책임편집	김소희 허영수
디자인	김덕오
마케팅	이보민 양혜림

펴낸곳	(주)북하우스 퍼블리셔스
출판등록	1997년 9월 23일 제406-2003-055호
주소	04043 서울시 마포구 양화로 12길 16-9 (서교동 북앤빌딩)

전자우편	henamu@hotmail.com
홈페이지	www.bookhouse.co.kr
전화번호	02-3144-3123
팩스	02-3144-3121

ISBN	978-89-5605-604-3 03420